生猪产业化生产模式与配套技术

主 编

刘作华 杨飞云 黄金秀

副主编

于海霞 黄 健

姚焰础 龙定彪

编著者

兰云贤 周晓容 黄 萍

江 山 刘雪芹 游小燕

宋 凡 肖 融 罗 敏

王瑞生 邓 红 汪 超

黄 健 朱海生 齐仁立

沈 婕 林渝林 李成君

陈 英 沈忠明 万有能

唐 华 卢 媛 王建鑫

金盾出版社

内 容 提 要

　　本书由重庆市畜牧科学院多位专家精心编写。内容包括：生猪产业化经营模式，种猪选育体系的建立，规模化猪场的规划与建设，规模化猪场营养调控技术，规模化猪场饲养管理技术，规模化猪场生物安全控制技术，规模化猪场环境控制技术等七个部分。生猪产业化是我国生猪生产的发展趋势，本书用案例阐释了当前我国主要的生产模式，对生猪规模化生产中的配套技术进行了全面阐述。本书适合养猪专业户、规模化猪场管理者和技术人员及农业院校相关专业师生阅读参考。

图书在版编目(CIP)数据

　　生猪产业化生产模式与配套技术/黄金秀主编 . -- 北京：金盾出版社，2012.11
　　ISBN 978-7-5082-7762-2

　　Ⅰ.①生…　Ⅱ.①刘…②杨…③黄…　Ⅲ.①养猪学　Ⅳ.①S828

中国版本图书馆 CIP 数据核字(2012)第 153042 号

金盾出版社出版、总发行

北京太平路 5 号(地铁万寿路站往南)
邮政编码：100036　电话：68214039　83219215
传真：68276683　网址：www.jdcbs.cn
封面印刷：北京凌奇印刷有限责任公司
正文印刷：北京军迪印刷有限责任公司
装订：兴浩装订厂
各地新华书店经销
开本：850×1168 1/32　印张：7.5　字数：180 千字
2013 年 4 月第 1 版第 2 次印刷
印数：6 001～11 000 册　定价：15.00 元

目　　录

目　　录

目　录

第一章　生猪产业化经营模式

农业是国民经济的基础,畜牧业是农业的重要组成部分,没有畜牧业的农业很难起到国民经济的基础性作用,而我国畜牧业的发展,生猪是其必不可少的部分。稳定生猪生产是历年来我国畜牧业发展的首要任务,当今我国各级政府尤其重视伴随农业生产经营模式和生产方式演变形成的生猪产业化经营模式。

第一节　生猪产业化经营模式的内涵

一、生产经营模式

模式是相对稳定的组织或机体的运行形式,生产经营模式的形成与生产方式及农业生产方式变迁相关。生产方式是物质资料的谋得方式,经济学里把生产的技术方式或不同的生产方法也称为生产方式,它在农业中的表现即农业生产方式,依次经历了原始农业、古代农业、近代农业和现代农业等农业生产方式的变迁。社会经济发展,各行各业形成了自己的生产经营模式,所以生产经营模式是指在生产经营中按不同经济条件采取的管理方式的总和。即经营方式的具体体现,它是不同经济发展水平的反映。

二、生猪产业化经营模式

生猪生产经营模式是指生猪生产经营中按不同经济条件采取的生猪产业管理方式的总和,表现为生猪生产经营中生产要素的优化配置及其相对稳定的运行形式。如家庭承包经营、公司＋农户、产业化经营等农业生产经营运行模式。产业是指国民经济中按照一定的社会分工原则,为满足社会需要而划分的从事产品生产和作业的各个部门。生猪产业隶属于畜牧大产业,是那些生产生猪及其相关产品企业的集合,其经济行为不同于单个农户家庭生产生猪和单个企业生产生猪的经济行为,其发展变化会对经济总量带来一些影响,但又不能代表经济总量的全部变化;生猪产业是介于单个经济主体和国民经济总量间,尤其是生猪业经济总量间的中间层次;"化"字的含义就是一个发展变化的历史过程和标志,如我国生猪的生产经营曾经历了国有或集体经济的统一经营、承包经营、租赁经营、家庭经营及贸工牧一体化方向的产业化经营等。显然,生猪产业化经营就是指用管理现代工业的办法来组织现代生猪的生产和经营。它以国内外生猪及其制品市场为导向,以提高经济效益为中心,以科技进步为支撑,围绕生猪产品生产,优化组合各种生产要素,对生猪养殖、加工业实行区域化布局、专业化生产、一体化经营、社会化服务、企业化管理,形成围绕生猪生产的产前、产中、产后的以市场牵龙头、龙头带基地、基地联农户,集种养加产供销、内外贸、农科教为一体的经济管理体制和运行机制的总和。因此,生猪产业化经营模式就是指按照生猪产业化经营发展要求而采取的对涉及生猪生产经营的土地、资本、劳动力和企业家才能等生产要素资源的优化组合形式及产业化的运作形式,主要表现为"公司＋农户"及其在此基础上的各种衍生形式。它目前是我国生猪产业发展的重大趋势,是源于生猪产业化经营的必然结果。

第二节 生猪产业化经营模式的实践形式

一、生猪产业化经营模式演进回溯

经过多年改革与发展,我国生猪业的经营形式也发生了巨大变化。原有的公有生猪产业绝大多数都已通过承包转让和作价转让为家庭经营,原有的家庭自有生猪业又有了较快的发展,正从农户家庭养猪经营模式向农村规模化养猪和现代化工厂养猪转变,以牧工商一体化经营的生猪产业化经营模式等得到长足发展。

(一)生猪家庭经营模式

生猪业家庭经营现在和将来一定时期内都仍将存在,这是与生猪家庭经营模式在各方面具有广泛的适应性所分不开的。

1. 生猪业家庭经营具有适应生猪业技术的特点 一家一户的家庭经营曾经是多种生产的原始经营形式,其他产业由于技术发展而不再适合家庭经营,可生猪业技术的发展没有影响其不再适合家庭经营。这不只是因为古老的生猪业技术在今天仍然能与现代生猪业技术并存,更主要的是因为家庭生猪业有可能大量容纳现代生猪业技术。有很多近、现代生猪业技术是可以分散利用的,如优良猪种、配合饲料、人工授精、高效疫苗等都可以引入家庭经营。有些生产技术,如大型生产工具也可以为多数家庭联合利用。所以,产生于远古社会的家庭生猪业在技术高度发达的今天仍能保持其适应性,并且随着社会化服务的发展而加强其适应性。

2. 生猪业家庭经营具有适应不同经济形式的特点 家庭经营可以作为全民所有制、集体所有制生猪业的一个经营层次而成为社会主义经济形式的家庭生猪业;可以作为公有制经济成员的自营生猪业和非公有制经济成员的个体生猪业而成为个体经济形式的家庭生猪业;也可以是不同所有制的混合经济形式的生猪业。随着我国社会主义市场经济的进一步完善和改革的深化,还可能成为其他经济形式的生猪业经营形式。

3. 生猪业家庭经营具有适应多种不同经营方式的特点 家庭生猪业可以是副业,也可以是主业;所以,既可以兼业经营,也可以专业经营,且经营规模可以有很大差距,如专业养猪户的生产规模就比较大;还可以参与多种形式的联合经营。生猪业家庭经营模式也是发展到今天的生猪产业化经营模式的单元基础之一。

(二)生猪双层经营模式

生猪业家庭经营虽然在技术上有适应性,可以容纳多种先进技术,但毕竟规模小,与大规模相比,适应的范围、程度与效益有差别。实行规模大的集体经营虽然可以提高科学技术的适应性,但在现实条件下,又不利于提高劳动积极性。利害相权,出路在于实行统分结合、宜统则统、宜分则分的双层经营模式。这样,既可以发挥集体统一经营的优越性,承担家庭办不了和办不好的事情。统一经营的重要作用还在于可成为将社会化服务引入家庭生猪业的桥梁,从而承担集体内部办不了办不好的事。生猪业的双层经营与种植业相比有不同的特点。种植业是以土地为基本生产资料,生产活动主要是在土地上进行,所以种植业统一经营要求土地邻近。生猪业统一经营,由于受空间距离影响小,所以承担统一经营的合作经济组织可以是本地区的,也可以是跨地区的专业性组织。生猪业的部分统一经营还具有强制性,如易患传染病的生猪要求统一防疫,要求统一管理种公猪、统一配种等。统一经营和分散经营的内容,因不同地区、不同生产方式,以及生猪业所占比重不同有很大差异。如有的地区,统一经营已达到统一配种,统一防疫、统一购进饲料和规划场地建设等,而有的地区统一经营的项目很少,甚至还处于空白状态。统一经营和分散经营是相辅相成的,会随着经济技术条件的变化而变化。

(三)生猪联合经营模式

生猪业商品生产包含产、供、销各个环节,在市场经济条件下,各个环节通过交换实现互相联系。经营各环节的组织之间建立横向联合是为了消除联系的障碍,提高联系效率,保证生猪业再生产顺利进行。家庭生猪业规模小,在交换过程中处于不利地位,因而特别需要加强横向联合,巩固和加强作为市场主体的地位。家庭生猪业联合经营的形式有参加牧工商一体化组织、生猪业产业集团、公司＋畜牧户、生猪业生产者协会等。另外还有与现代市场经济条件相适应的各种形式的经营,如网上销售,卖猪、卖菜都上网及适应国际销售的经营形式。

(四)牧工商一体的生猪产业化经营模式

为促进我国生猪业的进一步发展,生产的产品进入国际市场,必须按照世界通用的标准进行标准化生产。新型的牧工商一体化的生猪产业化经营模式,在 20 世纪 90 年代后期应运而生并发展至今。牧工商一体化经营就是以生猪产品为中心,把生猪业生产与其生产资料生产、供应、生猪产品加工、贮存、运输和销售有机地组织起来,形成经济联合体的一种经营组织形式。牧工商一体化与牧工商综合经营是两个不同的概念,牧工商综合经营是指在一个经济组织内多种经营项目的混合经营,只要有利和可能,不管工业、农业、商业和其他产业都进行经营,它不考虑是否与生猪产品生产相联系。而牧工商一体化则不同,是以生猪产品生产为中心,把与生猪生产的产前、产中、产后的经济业务相关联的多种企业或生产单位联合起来,组成经济关系密切的联合体。

牧工商一体化是在生猪业生产专业化和社会化的基础上产生的,专业化和社会化程度越高,就越需要工商业提供生产资料和加工生猪产品。在我国,当前随着生猪业生产专业化水平和生猪产品商品率的提高,为生猪业生产提供所需生产资料和加工生猪产品的工业生产能力的加强,交通运输、技术和信息服务的基础设施和服务体系的健全,目前我国生猪业中牧工商一体产业化经营的企业越来越多,各地建立和发展了适合当地条件的如"生猪养殖集团"、"生猪食品集团公司"等多种形式的牧工商一体的产业化经营企业。牧工商一体的生猪产业化经营是生猪业生产专业化和商品化发展到一定程度的必然产物。

实践表明,牧工商一体化的优点:

一是有利于把家庭生猪业与统一市场需求衔接起来,缓解小生产与大市场的矛盾,促进产、供、销协调发展。牧工商一体的生猪产业化经营,一头连着国内外市场,一头连着千家万户,使生产、收购、加工、贮藏、运输、销售等一系列过程紧密衔接,环环相扣,较好地解决了生产与市场脱节的问题。这种经营模式,通过合同或契约,使养猪农户与加工企业建立起比较稳定的关系,并得到相应的配套服务。这样,减少了生产的盲目性,提高了生产效益。

二是有利于解决小规模经营与采用科学技术的矛盾,促进传统生猪业向现代生猪业的转变。牧工商一体化经营,龙头企业为获得均衡稳定的货源,要求原料生产相对集中,形成适度规模;要适应激烈的市场竞争,龙头企业就要利用信息、人才、资金等方面的优势,加快高、精、尖技术的推广应用,提高产品的科技含量,积极引进国内外最先进的技术设备,不断培育和引进优良品种,增加经济效益。农户借助龙头企业的配套服务,尽可能扩大生产能力,提高集约化程度,获得规模效益。

三是有利于分工协作并按标准化生产,实现生产要素的优化组合,促进城乡经济统筹发展。在农村由于技术和市场的短缺,既有和一些新增的生产要素未能得到充分利用,一些从事生猪产品加工销售和为生猪业提供生产资料的工商企业扩大生产规模,又受到资金、场地、劳动力、市场的限制。因此,以这些大型企业为依托,按照自愿、互利、等价、有偿的原则,把分散的农户组织起来,发挥各自的长处,实行优势互补。既有利于农户生产的发展,把农村潜在的生产要素组织成现实的生产力,促进农村分工分业,既有利于生猪企业扩大原料来源和生猪产品销售市场,又促进牧工商与城乡经济统筹发展。

四是有利于提高生猪业生产的经济效益。以专业化、规模化、产业化为特征的一体化生产,专业化可以带来分工的好处;规模化合适可以产生规模经济;把牧工商各业的外部联系转化为内部联系,减少了流通环节,节约了流通费用;牧工商一体的生猪产业化生产使技术服务配套产生了整体效益以及先进技术的采用,降低了生产成本,这些方面都表现为生猪产业化经营模式经济效益的提高。

二、生猪产业化经营项目运营机制

机制泛指一个复杂的工作系统中,各子系统的构造、工作方式和它们的相互关系,也指一个组织运行机理和制度的总称。生猪产业化经营项目运营机制,是关于生猪龙头企业等组织与农户生猪生产所涉及各种生产要素组合配置等一整套制度和运行机理的统称。现实中的生猪产业化经营项目以多种实践形式抽象出的运营机制,一般如图1-1所示。

三、生猪产业化经营模式的实践形式

生猪产业化经营模式经过多年的生产实践,在生猪业家庭经营模式的基础上,以在这一模式中参与经营签约的主体可分为龙头企业带动模式、中介经济组织带动模式、专业批发市场带动模式、现代畜牧业示范区带动模式等4种主要生猪产业化经营模式

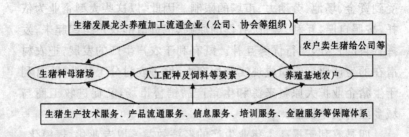

图 1-1　生猪产业化经营项目运营示意图

的实践形式,而在生猪业生产实践中应用最广泛且较成功的是龙头企业带动模式及其衍生形式。

(一)龙头企业带动模式

1. 龙头企业带动模式简介　龙头企业带动模式又可称为依托养殖、加工企业型。即生猪养殖、加工企业与农户签订生猪购销合同,养猪农户按照公司要求生产,成为公司控制下的"生猪生产车间"。实践中的生猪生产养殖、加工龙头企业(以下简称公司)+农户是基本形式。这种形式以泰国的正大集团为最佳典型。泰国正大集团形成于 20 世纪 70 年代,它所经营的大宗产品是饲料和猪、禽蛋及其系列高附加值食品,它以国内外市场为目标,以加工业为龙头,实行育种、养殖、保鲜、加工、包装、销售一条龙。该集团一头联结大市场,一头联结千家万户,进行系列化服务,连贯性作业,综合性经营,带动全国农业生产。该模式于 20 世纪 80 年代传入我国,在我国以公司+农户为基础,衍生的形式有公司+专业合作组织+农户,公司+基地+农户,公司+专业合作组织+基地+农户,公司+政府+农户等。

上述模式降低了生猪养殖农户生产的盲目性,适应了市场需要,改变单家独户生猪生产参与市场竞争的被动局面。公司与农户相互合作,双方或多方通过生猪生产有关的资金、劳动力、场地、技术、管理等的优化配置,发挥资源优势互补,凝聚成生猪生产发展合力,公司与养猪农户合作,建立起强大的生猪生产集团,实现推广优良化品种、规模化养殖、科学化饲养、品牌化运作、一体化经营、最大化效益,以应对激烈的市场竞争。在生猪生产实践过程中,多数由公司负责饲料的采购和生产、药物和种(猪)苗生产、技术研究和普及培训、生猪质量验收、生猪及其制品销售等,生猪生产农户只负责生猪养殖管理。公司与农户的合作是一种生产行为的自愿组合,即与公司合作的农户实际上是公司的生猪生产车间,要按公司的生产管理和技术标准生产生猪。农户饲养的猪群产权属公司所有,生猪饲养过程类似于制造业中的来料加工。生猪的销售属于自产自销给公司,农户利润为加工费用。合作双方或多方形成利益共同体,利益共享,风险共担。

2. 龙头企业带动模式的运行 龙头企业带动模式中的龙头公司为农户提供产前、产中、产后一条龙服务,这是一种"龙形"经济格局,一般运行以下七步。

(1)农户申请养猪 具备养猪必备条件,如合格的场舍、有配套的养殖设备、一定的资金、高度的责任心及其与公司真诚合作的精神等的农户或专业户,凭身份证到龙头公司服务部索取养猪申请表,据实填好后交服务部审批。

(2)公司场地考核 公司批复后服务部派出专门人员进行实地考察,若符合公司标准,则按照公司规定的猪舍布局与建筑要求修建猪舍。

(3)农户到公司开户 猪舍布局、建筑、排污、交通等养殖条件达到公司标准后,农户到公司服务部开户。

(4)农户交周转金 农户凭服务部实地考核同意的表格证明书到公司财务部办理开户手续。办理开户手续时,交付每头生猪200~400元或约定的养猪周转金。

(5)农户领取猪苗 服务部从养殖户交周转金之日起安排领猪

苗时间,养殖户在领猪前 5～10 天将会接到领猪通知。农户先到服务部办理领猪单、《养猪免疫卡》等手续,然后自带已消毒的运输工具及保暖、防雨用具到指定种猪场准时领取猪苗。领猪后于当天带磅码单到服务部电脑室办理转单入账手续,并领取《领物登记簿》。

(6)领物料及技术　农户凭《领物登记簿》用记账的形式在相应部门领取饲料、药物,不用交付现金,待生猪上市后统一结算;服务部的兽医、技术咨询服务点提供免费咨询服务。

(7)农户生猪销售　农户凭公司营销部的生猪上市通知将达到标准的生猪运到公司营销部或公司指定地点统一过磅收购。

3. 龙头企业带动模式主体的权责　农户生猪生产用的猪苗、饲料、药物、疫苗等由龙头公司按内部价格登记提供,不与市场实际价格挂钩。在一批猪的饲养过程中,龙头集团公司可根据养殖户与公司双方利益做适当的价格调整,包括已使用的物料或正在使用的物料、已回收的生猪或未回收的生猪。

(1)公司与农户的权利　公司的权利包括负责调整猪苗、药物、饲料等物资的领用价及生猪回收价格;制订生猪饲养管理各环节技术规程;调整合作周转金和欠款利率;对有损公司利益的农户进行追究和对缺乏诚意的养殖户解除合约;回收符合标准的生猪及规定生猪所需的饲料、药物的供应比例。农户的权利包括有要求公司按约定价格回收饲养的生猪;一批猪结算完毕后可解除与公司的约定;拒收不符合公司质量标准的物料;监督公司人员、技术等服务;要求公司提供生猪生产全过程成套技术服务等。

(2)公司与农户的责任　公司的责任包括为农户提供生猪生产全过程的一条龙服务,如以记账形式为农户提供生猪生产所需饲料、药物和猪苗,定价回收农户符合标准的生猪;为农户提供如猪舍选址、建筑、生猪饲养、疾病诊断等全程技术指导服务;对生猪生产合作农户培训专业技术。农户的责任包括使用公司提供的饲料、疫苗、饲养管理技术;按公司对饲料、药物、疫苗、卫生清洁等标准饲养管理好生猪,杜绝且检举有损公司和农户利益的不良行为;严格执行公司约定,如将生猪交公司回收。

(3)龙头公司提供服务 提供生猪生产用猪苗、饲料、药物和防疫疫苗等生产服务;制订生猪免疫程序,生猪场舍建筑指导,生猪技术普及提高,兽医诊断、咨询服务和疾病防治技术等相关人员现场技术指导等各种技术服务;按约定回收达标生猪,协助农户营销不合格生猪等营销服务;结算时提供包括物料领取、上市率、料肉比、盈亏情况等财务清单给农户的系列财务服务。

(4)农户应遵守的约定

①领猪苗约定 农户按领猪苗通知要求到指定时间到相应地点领取质量合格猪苗,做好消毒、保温与通风等运输准备工作,猪苗发出后若出现丢失、死伤等由农户负责;与公司合作养猪期间,农户不能私自从外面购猪苗或其他类动物回来饲养,也不允许将公司生猪苗外卖;农户领取生猪苗时应按公司规定标准当面验收猪苗的数量和质量;生猪苗一般体重 13~17 千克,精神活泼,体格健康,外表无残缺畸形。

②领物约定 农户自带运输工具,做好清洁消毒等,凭《领物登记簿》到公司领取饲料、药物和疫苗等;农户领料周期一般以 1 周 1 次为宜,喂料遵循先进先用、推陈贮新,以保证饲料的新鲜及质量的稳定性,结块发霉饲料禁用;饲料应存放于干燥、通风、阴凉、防鼠、防雨,离地 30 厘米、离墙 20 厘米的垫料上;按公司免疫接种程序接种,不滥用饲料、药物和疫苗,不私自购饲料、药物等或将公司饲料和药物领回去变卖或作他用;一个饲养周期内,公司将给予每头生猪苗供应系列猪料 4~5 包,其领用价格以公司最新公布的价格为准,以每头 90 千克生猪一般的推荐用量(每包料 40 千克),小猪(44 千克)1.1 包、中猪(48 千克)1.2 包、大猪(88 千克)2.2 包。

③饲养管理约定 执行公司订立的猪场卫生防疫制度,做到

养殖环境的清洁及流行疾病的控制,听从技术人员的正确指导,只能使用公司指定的饲料饲养生猪;饲养期间不准闲杂人进入猪场,猪场内及周边不准饲养其他家畜,以公司制订的当前饲养管理措施进行饲养管理。

④生猪上市约定　农户根据生猪上市通知送猪到公司或到指定地点由公司收运,做好生猪保护工作减少损耗,成品生猪全部由公司定级回收,不私自变卖或从市场购回生猪充数给公司;成品生猪以平肚上市,不能以任何手段把猪喂得过饱,那些残次猪等不能强迫公司回收或强迫客户买猪;出猪时做好降温、保温等措施。

⑤农户结算约定　农户生猪出栏后的饲料消耗要达到肉料比1∶2.4～2.6,生猪全部出栏的第二天,凭户主身份证、磅码单、领物登记簿到公司服务部结算;农户交付的周转金及领取物料的费用实行双向计息结算,提取本批猪约定毛利;农户需继续合作,可在结算当天向财务部申请订猪苗,增加订猪苗和停户处理农户要继续订养生猪的按约定重新进行;订生猪苗后不允许再取款,若遇特殊情况需公司批准。

4. 龙头企业带动模式示例　以年产100吨老腊肉的生猪养殖加工龙头企业,带动所在地生猪生产农户协同推进生猪产业化发展为例。某牧业开发有限公司是集养殖、腌腊制品加工、农副产品加工为一体的综合性农业产业化龙头企业。该公司生产场(厂)占地面积1.3公顷,每年生产腊肉100吨、白酒109.8吨、豆腐干23.6吨、食用混合油52.52吨。该场内建设有公猪舍(养公猪9头)、母猪舍(养母猪211头,年提供单月龄断奶仔猪3 400头)、肥育猪舍(年出栏肥猪800头)、屠宰车间(年屠宰生猪3 000头)、腊肉加工车间、饲料加工车间(加工本场养殖所用的饲料和提供给当地农户用的预混饲料)、酒坊(年加工玉米119.6吨)、油坊(年加工油菜籽106.2吨)、豆腐房(年加工大豆11.8吨)等。为带动当地农户致富,每年提供2 500头仔猪定点给当地农户饲养(按90%的成活率计算,出栏2 200头),与农户签订合同,暂不收费,待肥育后根据市场价格回收(再扣除预混饲料费和仔猪费)。为降低成本,养殖场的饲料由自己加工,加工饲料所用的原材料以酒糟、豆腐渣、油饼粕为主,配以玉米、大豆、聚合草和饲料添加剂等。将玉米、大豆、菜籽分别加工制成酒、豆干、菜油后,其副产物酒糟、豆腐渣、菜籽饼粕作为饲料原料,所以在该场地设有酒厂、豆干厂、油厂。定点农户养猪所需的饲料——预混料(菜籽饼粕、豆渣、酒糟、饲料添加剂)由牧业开发有限公司提供,青饲料和玉米由农户自己解决。定点农户养殖所需的饲养技术、防疫、兽医等服务由牧业开发有限公司免费提供。公司所在地的生猪养殖历史悠久,养殖业基础良好,广大农户具备一定的生产饲草料等条件。该生猪养殖加工龙头企业某牧业开发公司100吨老腊肉综合项目产业化运行关系如图1-2。

(二)中介经济组织带动模式

1. 中介经济组织带动模式简介　中介经济组织带动模式也可称为依托行业协会型。即生猪生产农户与专业合作经济组织、专业协会签订生猪产品生产销售合约或松散型协议发展生猪产业。实践中有行业协会+农户,专业合作经济组织+农户等形式。生猪生产的农户中介合作经济组织主要有农民生猪生产专业合作社、农民生猪生产股份合作社和农民生猪生产专业协会等类型。

该类模式中的中介经济组织以为生猪生产农户提供服务为宗旨,由养猪农户自愿组成。中介经济组织向生猪生产农户提供生猪市场信息、生猪饲养材料及饲养技术等;对内服务生猪生产农户,协调行动,统一标准,不以赢利为目的;对外统一经营,直接进入市场,追求利润最大化;每个成员既是利益的共享者,也是风险的承担者;合作是前提,能者牵头,多种形式,共同发展。也可以是养猪专业大户牵头组建养猪协会,某大型生猪生产企业牵头组建协会,流通领域中的骨干企业牵头且政府在经费和业务上给予支

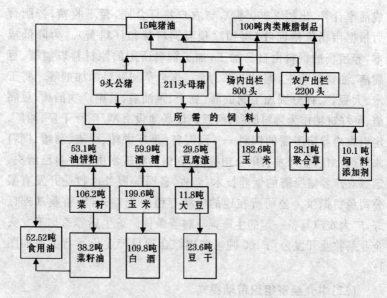

图 1-2　某牧业开发有限公司带动农户生猪产业化发展示意图

持而创办协会，生猪产区的乡镇政府牵头创办协会，村社带头创办协会，由供销合作社领头创办协会等。

　　2. 中介经济组织带动模式的运行　中介经济组织带动模式的运行也有与前述龙头企业带动模式类似的运作地方，比如有的以契约形式由协会统一订购，提供生猪生产的饲料、药物、猪苗、生产技术等，统一对外销售肥猪等。从全国各地的生猪生产实践发展来看，协会等合作经济组织确实能给养猪农户带来多方面的实惠，提高了生猪产业化、农民组织化、生猪业现代化水平，而且是协调养猪农户和市场之间利益关系的媒介，对解决农户之间和农户与市场之间的矛盾和利益冲突起到较好的协调作用。

　　安徽省桐城市吕亭镇兴隆生猪养殖专业合作社，自 2006 年 8 月成立以来，以"民办、民管、民受益"为宗旨，坚持走养殖、加工、销售为一体的产业化发展的道路，采取"合作社＋协会＋农户"的运营模式并与入社农民签订保底价收购合同,吸引农民入社,将松散的养殖户联合起来,共同抵御市场风险,探索出了一条合作互助、不断壮大养猪业发展的有效途径。合作社现有社员138家,养殖三元杂交猪达到3万头。有业务往来的50头以上的养猪户1000余家,年收入达3680万元以上,主要分布在吕亭镇、大关镇、孔城镇及周边的枞阳县、庐江县等乡(镇)。2011年,桐城市兴隆生猪养殖合作社进一步增强服务意识,完善工作职能,采取有效措施,带动生猪生产,使生猪养殖业尽快成为当地农村经济发展的主导产业。他们的做法是:一是继续完善内部管理及养猪小区建设,增强服务功能,力争发展百头养猪场50个以上,良种猪繁育场10个。二是坚持以市场为导向,不断提高养殖水平,实施标准化生产,建立无公害生猪养殖基地,完成无公害产地认证。三是积极推行股份合作制。动员社员入股,多方筹集资金,积极创办经济实体,增强合作社服务能力。形成了"办一个合作社,带动一个产业,兴一方经济,富一帮农民"的发展态势。

(三)专业批发市场带动模式

1. 专业批发市场带动模式简介 专业批发市场带动模式也可称为依托市场型。即大中型的生猪(肉)专业批发交易市场与生猪生产农户签订生猪购销合同或提供生猪交易平台给养猪农户,带动生猪产业发展。实践中有市场+农户及其衍生形式市场+专业合作组织+农户、市场+基地+农户等。通过大型的生猪(肉)批发实体交易市场和网上市场、期货市场等将农户饲养的生猪销售出去,减少农户的交易成本,使农户尽可能获得适度利润,推动生猪产业化发展。

2. 专业批发市场带动模式的运行 专业批发市场带动模式的运行分为严密的购销契约和松散的市场契约两种方式。严密购销契约的运行即生猪专业批发市场以约定生猪标准和价格将农户的生猪收购并销售出去,各自获得相应利润,或者生猪专业批发市场以拍卖的形式将农户生猪销售出去而获取佣金;松散的契约运行即农户以生猪专业批发市场进行生猪交易,是一种市场契约式的合作。这种模式的运行要求工商、物价等部门加大市场管理力度,对囤积居奇、哄抬物价、扰乱市场价格秩序等不法行为予以严厉打击,稳定物价,维护市场价格秩序,规范生猪市场交易,促进以生猪专业批发市场带动生猪产业化发展。

生猪专业批发市场带动模式运行中还有流通组织的参与,如一些生猪流通企业(经销公司、经纪人、客商)与生猪生产农户的联合,一些生猪经纪人的参与等协助农户销售生猪,如有中国畜牧科技城之称的荣昌县城有近千名生猪经纪人或流通公司参与推动荣昌猪及商品猪的产业化生产发展。这样,也形成实践中的流通企业＋农户、超市＋专业合作组织＋农户、生猪或猪肉储备库＋农户、超市＋基地＋农户等多种形式,推进生猪的产业化发展。

(四)现代畜牧业示范区带动模式

1. 现代畜牧业示范区带动模式简介 现代畜牧业示范区是党和国家政府依据区域经济发展和比较优势理论确立的生猪产业化发展带动型模式。该模式融牧工商、种养加、产供销、农科教、研学产等为一体,实现区域化、专业化、产业化、现代化、示范化综合功能,从而全面带动区域内、周边乃至全国的生猪产业化经营发展。

目前,我国已确定的现代畜牧业示范区是重庆,首个现代畜牧业示范区的核心区已被农业部确定设立在重庆市荣昌县,2009年下半年已正式开工建设。这是基于荣昌县经过多年的快速发展,与其他地区相比,已经形成了畜禽品种资源、畜牧科教等6方面的比较优势。

第一,荣昌县有世界八大、中国三大优良地方猪种之一的荣昌猪等丰富的畜、禽品种资源优势。

第二,荣昌县境内有西南大学荣昌校区(原四川畜牧兽医学院)、重庆市畜牧科学院、重庆市种猪场等教学、科研单位,从而具有科技人才和科研平台优势。

第三,荣昌县建有我国西部地区最大的饲料、兽药市场——重庆畜牧科技城西部饲料兽药畜产品市场等完善的市场体系,具有市场优势。

第四,荣昌县基本具备了较为完整的畜牧业产前、产中、产后产业链条,基础完善,畜牧业产值占农业总产值比重超过50%,尤其是全国最大的仔猪生产基地,存栏母猪13万头,年外销仔猪及加工乳猪140万头,年外供优良种猪30万头以上,年出栏肥猪100万头,年屠宰加工能力达60万头商品肉猪和60万头乳猪以上,足见生猪等畜牧产业优势十分突出。

第五,荣昌县为我国目前唯一的畜牧科技类专业城——中国重庆畜牧科技城所在地,是中国畜牧科技论坛定点举办地,具备畜牧科技论坛会展优势。

第六,荣昌县位于川渝结合部,地处我国第五经济增长区——成渝经济带的中心,是重庆的西大门,与四川、贵州、云南等省紧密相连,交通便捷,具有东西传递、双向开发、全面辐射等显著的区位优势。因此,具备先行一步设立现代畜牧业示范区核心区,推进我国生猪业等现代畜牧业发展的基础条件。

2. 现代畜牧业示范区带动模式的运行　现代畜牧业示范区带动模式的运行以"政府搭台,企业唱戏,农户参与"为主。如现代畜牧业示范区核心区的荣昌县政府正着力推动建设生猪标准化生产示范基地、市场信息中心、物流配送中心、中国猪博物馆、生猪等畜产品加工高新企业示范园等20个项目,发挥核心示范作用。力争2～3年实现"1135"建设目标,即建成一批基地,如生猪等畜产品生产、良种生产、标准化规模养殖、科技研发、人才培养、饲料、兽药生产等一批示范基地;建设一大中心,如信息物流中心;构筑三大高地,如以种猪为主的良种供种高地、畜牧科技城创新与人才培养高地、生猪等畜产品质量高地;破解五大难题,如生猪业等畜牧业生产方式和增长方式落后的难题,生猪等畜产品质量安全水平低的难题,各环节利益联结不紧密的难题,生猪业等畜牧业发展融资难的难题,生猪等畜产品商品化率低和市场波动大的难题,并向全国示范。

现代畜牧业示范区实际也是通过科研院所带动模式、龙头企业带动模式、专业批发市场带动模式、一体化企业带动模式等多种运行形式的结合,采取要素契约或者市场契约带动农户一起推动生猪产业化经营模式发展。

(五)生猪产业化经营模式实践形式的认识

1. 可适度减少和降低交易成本 生猪生产实践中的各种产业化经营模式以及实践形式,几无例外地都会通过要素契约或部分要素契约联结农户,应对市场,这样在生产要素使用和生猪产品流通过程中减少了交易环节和个体频繁对接,明显地可适度减少和降低交易成本。

2. 较好地解决生猪市场营销问题 促进了生猪生产与市场的对接,解决生猪的市场营销问题。由于自然和市场风险的双重作用使得农户生猪养殖容易被阻隔在市场之外,面对瞬息万变的市场,生猪产品遇到无法摆脱的"买难、卖难"周期性的交替困扰,而通过各种模式的产业化实践形式的运行,"农工商、贸工农、牧科教"等一体化,龙头企业和各种中介组织把分散的农户经营同集中的市场需求有机联系起来,为生猪生产农户提供产前、产中、产后服务,引导、组织、带动农户进入市场,帮助农户规避自然和市场风险。

3. 增加生猪养殖户收入 不仅生猪养殖户在这类产业化经营模式实践运行过程中,可因减少交易成本而明显提高生猪业的比较效益,促进农户收入的增加。那些龙头企业通过与农户建立长期稳定的经济契约关系,结成经济利益共同体,农户除可得到生猪养殖业直接利润外,还可在一体化经营体系内部通过利益分配,按照一定的方式和分割比例分享到加工、运输业和商业服务业的部分利润,使工农产品价格剪刀差在经营体系内部实现"支付转移",从而间接地增加收入来源。

还有利于生猪养殖业成套科技服务的推广,提高生猪生产的组织化和标准化程度,为生猪肉食品安全生产提供保障。

4. 契约难解决主体的利益分割　生猪产业化经营模式实践运行形式中,突出的问题是各主体之间虽然有了契约约束,但仍然出现履约率不太高的问题。据资料1998年在16 948个签约的龙头企业中,曾出现38%的龙头企业取消约定的保护价收购农户农牧产品,当然也有不少农户单方面私卖生猪产品、作假等毁约的行为发生。其原因是由于参与各种运行模式中的主体即龙头企业、农户和政府各自是理性的经济人,加之如自然、市场、信用、道德、技术、政策等多重风险导致的不确定性,公司的诉讼成本高而农户毁约成本低,以及公司、农户都可能存在的机会主义倾向等。

5. 生猪产业化经营模式实践形式的全方位推进　在各种生猪产业化经营模式实践过程中要提高履约率,要签订有弹性的、操作和针对性强的、风险共同分担的契约;政府加强管理、引导,如以现代畜牧业示范区等形式;建立起生猪业的风险防范机制,如建立风险防范基金、发展生猪产品期货市场等;采取合适的利润分成机制,专用型投资稳定契约或农户与企业相互参股、资产、资金等的融合;运行多样化的实施机制,如私人实施机制,第三方实施机制;加强法制和诚信教育,建立信用机制;培养完善农户中介经济组织,使模式中的主体双方或多方从短期契约到中长期契约,多次反复博弈后走向真正的深度真诚合作,形成如"泰国正大集团"之类的生猪产业集团,共同推进我国生猪产业化经营模式良性持续发展。

(六)生猪产业化经营模式当前的外部环境

自20世纪80年代中后期农村生猪规模养殖兴起,在当时被称为生猪养殖专业户,从此开启了我国生猪养殖经营模式的一次重大转变,以生猪生产规模和生产技术,如暖棚养猪、配合饲料应用、标准化圈舍改进以及种养加、产加销等的有机结合,终于在1993年有了生猪产业化经营的思路和经营模式雏形;时至今日,生猪产业化经营模式成就显著,但面临来自国内外的外部环境的深刻影响。尤其是在过去的20年里,世界经济发生了剧烈的变化,这些巨大的变化持续至今,诸如地球村的到来、环境的变化、经济增长方式的转变等,都会深刻地影响生猪产业化经营模式。

1. 经济全球化 经济全球化是指生产要素在全球范围内的流动,世界资源在全球范围内的配置,世界各国经济在全球范围内相互交融在一起,从而形成有机整体。事实上,经济全球化就是资源在全球范围内的配置过程和结果,它是一个动态的过程。即那些涉及生猪产业化经营的生产要素,如土地、资本、劳动和企业家才能等各种资源,的确在当前加速了在世界范围内的配置。这表现为对生猪产业化生产经营投资、生产、贸易、金融等的全球化,如类似正大集团等一些跨国公司以从全球范围内来评估投资环境进行决策的企业逐渐增多、投资量加大,在我国投资生猪及其相关产品生产的资金数量剧增。经济全球化的到来,区域经济一体化得到率先发展,欧盟、东南亚联盟、亚太经济合作组织,推动了全球化进程。正因为经济全球化,给我国生猪产业化经营发展带来的机遇与挑战并存,生猪产业化经营中的企业,尤其是中小企业面临与跨国公司、名牌生猪公司及其相关产品的竞争。

2. 体验经济的发展 经济形态经历了农业经济、工业经济、服务经济,到现在的体验经济。体验经济是指企业以服务为中心,以商品为媒介,使消费者在消费商品时留下对本商品的美好印象,建立消费者的品牌意识,从而组织企业生产的经济形态。实质上,这是一种以客户为中心的经济,人类进入21世纪才显露出来。"体验"变成可以销售的经济商品,体验式消费或者说是符号化消费开始席卷全球,在服务经济之后,体验经济开始占据主导地位。体验经济时代人们对生猪及其相关产品消费行为有新的趋势。如从消费内容看,大众化的生猪标准产品日渐式微,个性化生猪产品和知名猪肉加工品牌产品需求增多;从接受产品方式看,消费者不再被动而是主动参与,如顾客从网上定制产品等;从消费意识看,消费者公益意识增强,希望成为绿色消费者。

3. 绿色意识加强 由于面临气候变暖、水资源短缺、环境污染、土地退化、森林、矿物等资源衰竭、废弃物处理难等自然环境问题和消费者、人口、城市、劳动者权利等社会环境问题;人们的绿色意识开始复苏,20 世纪 90 年代被冠以"环保时代"或"绿色时代"标记。绿色渐渐成为壁垒,国内外企业对绿色产品高度重视,大打绿色牌。还面临技术突飞猛进,新产品层出不穷,市场竞争日益激烈;IT 产业和互联网技术的迅猛发展,日益改变人们的生活;人口老龄化、婚姻观念变化和家庭单元的变小;消费方式的多元化、个性化更加明显等。这些变化深刻地影响着生猪及其制品的市场需求变化,进而影响到生猪产业化经营模式。

(七)生猪产业化经营模式的变革与发展

1. 生猪产业的优劣

(1)我国是生猪产量上的超级大国,品质、效益上的相对弱国 1998 年,全国肉类总产量 5 570 万吨,比 1997 年增长 4%;1999 年畜产品总产量 5 953 万吨,增加 6.8%;2000 年畜产品总产量 6 270 万吨,增加 5.3%;2009 年,全国肉类总产量 7 500 万吨;肉类总产量中猪肉产量占到近 70%。众所周知,大并不等于强。我国在生猪等农产品贸易市场的份额与农业大国的地位极不相称。在 1987—1996 年这 10 年间,是我国生猪等农畜产品出口值最大的年份,也没有超过世界总额的 3.7%,比丹麦、新西兰还少。据 WTO 统计,1997 年世界农畜产品出口总值 5 799 亿美元,美国仅以国内生产总值 2%的农业产值,其农畜产品出口占世界出口总值的 50％,我国仅占世界出口总值的 2.5％,而且我国的生猪等畜产品出口多数年份是贸易逆差。如 2000 年上半年,畜产品出口额 17.86 亿美元,进口 25.25 亿美元,贸易逆差 7.38 亿美元。饲料原料如鱼粉进口 48 万吨,出口仅 0.12 万吨。此外,案值巨大的生猪等养殖业产品反倾销案也困扰着我国的生猪等养殖业。

(2)我国生猪产品具有暂时的比较成本优势,但优势正在弱化　我国猪肉价格比国际市场低 57％,也曾大量销往日本、独联体、东南亚等地。如 1998 年我国养猪 4.86 亿头,占世界总存栏的 50.93％,产肉 3 693 万吨,占世界猪肉总量的 43.87％,但我国猪的出栏率仅为 100.89％,低于世界平均水平的 116.53％,远远低于丹麦的 184.14％、美国的 177.91％、法国的 177.68％、德国的 170.5％;2001 年全国生猪存栏 4.57 亿头,出栏 5.49 亿头,猪肉产量 4 184.5 万吨。尽管我国生猪每增重 1 千克的成本大约比美国低 30％,但是绝大多数的猪肉被自给了,国际市场不感兴趣。2001 年欧盟禁止进口中国动物源性食品,2002 年 1 月 25 日后又遭遇氯霉素事件。所以,生猪的成本优势正在弱化,生猪生产没有完全跳出数量增值型和资源消耗型的道路。

(3)我国生猪及其加工品的品质、保鲜、加工有一定差距　发达国家通过加工其养殖产品,增值率由原来的 50％～60％提高到150％～200％。我国生猪肉制品在国际市场上竞争能力较弱。对于产品安全难以控制,因为我国生猪业当前的家庭养殖业仍占相当份额,组织化程度相对较低。发达国家已经全面实施 HACCP(危害分析关键控制点技术)。但我国肉类加工企业已达 3 728个,其中“三资”企业 244 个;冷库 4 000 余座,库容量 450 万吨,冷库容量万吨以上的 60 多座;年加工肉类制品 350 万吨以上,肉制品达 500 余个品种;以生猪原料为主的加工制品如腌腊、香肠、火腿等占 60％以上,西式肉制品火腿肠生产线有 500 余条,较大的火腿生产企业双汇、金锣、郑荣、雨润等日产能力均在 100 吨以上。

生猪产品加工能力的提升有利于生猪产业化经营模式的推进。

(4)我国当前生猪产业支持与政策保护方面比较优势不突出 国内对生猪业的支持低于发达国家,市场准入措施十分有限,生猪产品出口支持乏力。但是我国生猪生产规模大,发展基础好。我国是第一养猪大国,是第二猪肉生产大国美国的 4.8 倍。仅四川、重庆、湖南等 11 个省、直辖市、自治区年生产猪肉就占世界总产量的 30% 左右,是美国的 3 倍左右。同时,我国的生猪品种资源丰富,发展潜力巨大,拥有 48 个优良的地方猪种和 12 个培育猪种,生猪品种资源方面别国难以比拟。丰富的地方猪种资源为培育出更优良的、适合我国养殖的、满足不同消费层次的、具有地方特色的生猪改良新品种奠定了坚实的基础,有利于加快开展生猪产业化经营模式的推广。

2. 生猪产业化经营模式的重大变革与发展

(1)开拓国际市场、巩固国内市场——生猪产业化、国际化发展步伐加大的必然趋势 生猪及其制品等生猪业终极产品的市场需求是决定生猪产业发展的首要因素。生猪产品没有市场,生猪产业就不可能得到发展。产业化是基础,国际化是关键。必须尽快改变当前生猪生产组织化程度低的状况。当前的 WTO 条件下,我国可享受现有 134 个成员国的无歧视待遇。如无条件的最惠国待遇、大幅度降低关税、减少歧视性待遇、利用有关机制解决贸易争端等。应尽快扩大生猪的对外交流,引进国外资金、技术、设备和管理经验等,同时尽可能将我国的生猪技术、资本、人才、劳动力等向国外输出,改善生猪产业的外贸环境,不断开辟和扩展新的国际市场。转变观念,尽一切力量巩固国内生猪产品市场。如用文化引导和影响民众保护我国的生猪大产业。可借鉴韩国人以不吃韩国牛肉为耻,一股股韩流正在影响和引导着中国的消费者消费他们的产品。

(2)积极改造传统的生产经营方式,全力打造生猪产业航空母舰——整合生猪业资源的必由之路　改革开放以来，我国生猪业持续发展，生猪饲养量及其产品产量大幅度增加，成为农区农村经济中的重要产业，增加农民收入的主要途径。但从现实情况看，我国生猪业还没有完全摆脱传统的生产经营方式。在广大农村，不少农民基本上还是以利用房前屋后的空闲地饲养为主，许多规模饲养户也是农、牧兼顾，以庭院饲养为主，还没有完全脱离人群密集的村屯，农舍、猪舍相连，人、猪共居一院，猪舍简陋，饲养环境复杂，缺乏基本的防疫条件，不但给防疫灭病带来很大困难，不能满足国际上对防疫条件的通常要求，而且由于规模较小，生产分散，效率不高，特别是饲养、用药、防疫等不执行标准、不规范，已不能适应新形势的要求。

要针对发展生猪大产业和适应 WTO 等环境条件的要求，积极改造生猪业传统的生产经营方式。具体有三方面。

第一，要积极培植生猪饲养专业户。从生猪兼业规模饲养向专业化规模饲养转变，这是生猪业微观组织创新的主要体现，是生猪业从高度分散向相对集中发展的必然趋势，是改变传统生产经营方式的客观要求。世界上许多生猪业发达国家都把重点放在饲养专业户上，作为生产基础和扶持对象。我国也要采取扶持政策和有效措施积极培植能够从事现代生猪业生产的饲养专业户，使其逐步成为生产的主体。

第二，要积极开展生猪养殖业小区建设。建设生猪养殖业小区是使生猪饲养走出村屯、庭院的必然选择，是使生猪饲养走上标准化、规范化的前提条件，是改变传统生产经营方式的有效途径。近几年来，我国许多地方积极建设生猪养殖业小区，有力地提高了生猪业生产水平，促进了生猪业从分散向集约的转变。

第三，要积极培育中介组织。市场经济需要有能够将生猪饲养专业户与市场联结起来的组织，生猪业发达国家主要是通过中介组织的形式，即行业协会或农民合作组织，把分散的生猪饲养专业户与市场联结起来。中介组织对内规范生产行为,对外参与市场竞争,解决了分散的饲养专业户自身难以解决的问题。我国的生猪业中介组织正在起步和发展之中,要积极支持,加强引导,提高层次,规范发展,发挥作用。

通过积极发展生猪饲养专业户、养殖小区和中介组织,不断提高生猪业产业化经营程度,改变传统的生产经营方式。通过把分散的农村生猪养殖经营户、专业户等联合起来,"打造"更大的生猪养殖业"航空母舰",全面实现生猪生产的产业化经营模式。

(3)要发挥微弱的成本比较优势——生猪业产品的品质提升是根本　业界不少人士认为,生猪业是受益较大的产业,原因是生猪养殖业属劳动密集型产业,具有成本和价格比较优势。然而,我国生猪业产品品质在国际上的声誉渐跌,连国人也有害怕消费当地产品的倾向。尽管在欧洲"疯牛病爆发、疯羊病幽灵未散、口蹄疫又凑热闹"的前几年,我国的生猪业产品出口数量仍然没有增加多少。这就要求生猪养殖业的发展必须以"质量为本",按照 ISO 14000 等标准实施绿色可持续发展。政府要加大监管力度,国人要转变观念,高校和科研院所要提供更科学的生猪养殖技术。

真正实现"大力发展以生猪等畜产品为原料的食品加工业"。随着科学技术的发展和人民生活水平的提高,世界食品加工业迅速发展。在许多发达国家,经过加工的食品已经占到 50% 以上,有的达到 80% 以上。食品加工业已经成为发达国家国民经济中越来越重要的一个支柱产业和经济增长点。相比之下,我国食品加工业特别是以生猪等畜产品为原料的食品加工业还比较落后,不管是内销还是出口的动物源性食品基本上都是未经加工的生鲜制品。生鲜制品多,加工制品少,既难以满足增强生猪等畜产品市场竞争力的需要,也不能适应提高生猪等畜产品附加值的要求。为了提高生猪等畜产品的竞争能力和经济效益,必须大力发展以生猪等畜产品为原料的食品加工业,提高生猪产品的加工比重。

已经实现"粮仓"变"肉库"的吉林省提出,要把以生猪等农畜产品为原料的食品加工业建成除石油化工和汽车以外的第三个支柱产业,这既符合省情,也是在新形势下加快生猪业发展的客观要求。从全国看,特别是生猪业发展较快、比重较大的省份,要延伸生猪业产业链条,做大做强以生猪等畜产品为原料的食品加工业。要大力发展生猪等畜产品加工企业,不断提高加工能力和加工水平,并充分发挥加工企业的龙头带动作用,使其成为现代生猪业的主体,成为提升生猪养殖业地位,提高经济效益,提供优质产品的关键环节;要继续积极推进规模化生产、产业化经营、一体化发展的新模式;要大力发展"公司+农户"和"公司+饲养场"等生猪生产的产业化经营模式,对生产环节进行统一管理,适应国内外对动物源性食品安全卫生质量要求日益严格的发展趋势;要发展优质精品生猪业,打造名牌产品,积极向生产无公害、绿色、有机生猪产品方向发展,不断提高生产加工的经济效益与生猪产品在国内外的知名度和信誉度;要依托大型出口生产加工企业,发挥大型出口生产加工企业参与国际市场竞争的主体作用,努力开拓国内外市场,不断扩大生猪及其产品外销的比重。

第三节　生猪产业化经营模式的效益提升

一、以科学的项目决策方法助推生猪产业化经营模式效益提升

(一)量本利决策方法

这种方法又叫盈亏平衡点分析法,是指通过揭示生猪产品的

产销量、成本、价格、盈亏之间的数量关系进行短期经营决策的一种方法。具体做法是将生猪产品的成本划分为固定成本和变动成本,然后根据产量、固定成本、变动成本、价格等因素之间的关系,列出总收入、总成本的计算式,测算盈亏平衡点即保本点,作为决策分析的依据(图 1-3)。一般用 F 表示生猪产品的固定成本,它是指不随生猪产销量的增减而变动的成本费用,如按年限计算的生产能力范围内的固定资产的折旧费等;一般用 V 表示单位生猪产品的变动成本,它是指随着产销量的增减而变动的成本费用,如饲料费、燃料费等。一般用 P 表示单位生猪产品的市场销售单价,Q_E 表示盈亏平衡时的产销量,Q_E 又称保本点产销量。盈亏平衡点就是生猪产品销售收入与生猪产品总成本相等的那一点,即图 1-3 中的 E 点,在盈亏平衡点 E 上则有:

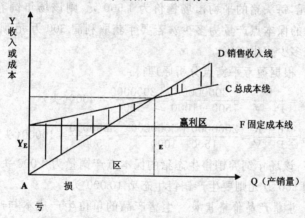

图 1-3　企业或农户生产生猪盈亏平衡分析图

$$PQ_E = F + Q_E V$$

$$Q_E = \frac{F}{P - V}$$

若要获取利润 R,则要完成的生猪产品产量 Q_L 为:

$$Q_L = \frac{F+R}{P-V}$$

根据盈亏平衡点分析,可以用于生猪产业化经营模式各实践形式中这几方面的决策问题。

1. 生猪生产规模决策 根据前面的分析可知,如果生猪生产企业或农户的产销量达不到保本点产量 Q_E,生猪产品的销售收入就小于产品生产总成本,显然会亏损,那么只有在产量大于 Q_E 的条件下才能够赢利,所以 Q_E 是企业或农户生猪生产的临界规模。生猪生产企业或农户就可以根据盈亏平衡点决定是否生产或接订单、决定为了实现利润目标 R 必须完成的产销量。

例:广西玉林凤凰山生态养猪场饲养生态猪,该场年固定成本为 200 万元,每养成 1 头生态猪(100 千克左右)的变动成本为 1 000 元,每头猪的平均市场售价为 1 500 元,则该场年饲养销售生态猪的保本点产量为多少? 若要年获取利润 300 万元,则该场要产销多少头生态猪?

解:根据盈亏平衡点分析原理得:

$$Q_E = \frac{F}{P-V} = \frac{2000000}{1500-1000} = \frac{2000000}{500} = 4000(头)$$

$$Q_L = \frac{F+R}{P-V} = \frac{2000000+3000000}{1500-1000} = \frac{5000000}{500} = 10000(头)$$

答:该场年饲养销售生态猪的保本点产销量为 4 000 头,要获取利润 300 万元则要生产销售生态猪 10 000 头。

2. 生猪产品价格决策 生猪产品的单位生产成本与产品产量之间存在这样的关系:

CA(单位产品成本)=单位产品的固定成本+单位产品的变动成本=F/Q+V

由此可见,在企业生产能力范围内,随着产量的增加,单位产品的生产成本会下降,这就为降低产品售价,提高产品的竞争力创造了条件。所以,可根据销售量而做出价格决策。

①在保证利润总额（R）不减少的情况下，根据产销量来决定价格水平。根据公式 PQ＝F＋VQ＋R，用 P_R 表示该种情况下产品的价格。

②在保证单位产品利润（r）不变的情况下，根据产销量来确定价格水平。根据公式：PQ＝F＋VQ＋R，R＝rQ，用 P_r 表示该种情况下生猪产品的价格。

则两种情况下生猪产品的价格分别为：

$$P_R = \frac{F+R}{Q} + V \quad ; \quad P_r = \frac{F}{Q} + V + r$$

（二）决策树决策法

决策树是图论中的树图应用于决策的一种工具。它是以树的生长过程的不断分枝来表示各方案不同自然状态发生的可能性，以分枝和修剪来寻求最优方案的决策方法。

决策树由决策点、方案枝、自然状态点、概率分枝组成。其结构如图 1-4 所示。即决策点就是树的出发点，用方块"□"表示，用来表明决策结果；方案分枝就是从决策点引出的若干条直线，每条线代表一个方案，并由它与自然状态结点相连接；状态结点就是在各方案分枝末端画一圆圈来表示，用它来表明各种自然状态所能获得效益的机会；概率分枝就是从状态结点引出的若干条直线，每一条直线代表一种自然状态。决策树分析法的基本原理，是以计

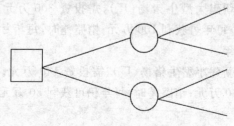

图 1-4 决策树基本图示例

算各方案在各种自然状态下的收益值或损失值,即损益期望值作为决策标准的。用决策树法进行决策分析,树形是按书写的逻辑顺序从左向右横向展开;方案选优过程是从右向左逐一地计算损益期望值,然后比较期望值的大小,分层进行决策选优。运用决策树决策的步骤如下。

1. 绘制树形图 绘图前必须预先确定有几个可供选择的方案,以及各个方案将会发生几种自然状态。

2. 计算期望值 期望值的计算要由右向左依次进行。首先根据各种自然状态的发生概率分别计算每种自然状态的期望值。当遇到状态结点时,计算其各个概率分枝期望值的和并与前面方案枝上的值汇总,标记在状态结点上。当遇到决策点时,则将各方案枝的状态结点上的数值相比,哪个方案枝的收益期望值最大(或损失期望值最小),就把它标记在决策点上。

3. 剪枝 就是方案比较选优的过程。从右向左,逐一比较,凡是状态结点上的值小于(或大于)决策点上数值的方案枝一律剪掉(画上"//"符号表示),最终剩下的方案枝就是最佳方案。举例说明如下。

例:某生猪生产场(厂)为了扩大生猪产品的生产,拟建设新猪场(厂)。据市场预测,生猪产品销路好的概率为0.7,销路差的概率为0.3。有3种方案可供企业选择:

方案一:新建大型生猪场(厂),需投资300万元。据初步估计,销路好时,每年可获利100万元;销路差时,每年亏损20万元。服务期为10年。

方案二:新建小型生猪场(厂),需投资140万元。销路好时,每年可获利40万元;销路差时,每年仍可获利30万元。服务期为10年。

方案三:先建小型生猪场(厂),3年后销路好时再扩建,需追加投资200万元,服务期为7年,估计每年获利95万元。

问以上 3 种方案哪种方案最好？根据已知条件绘制决策树，如图 1-5 所示。

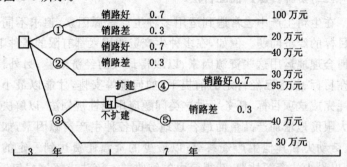

图 1-5　一个多阶段决策的决策树图

图 1-5 中的矩形结点为决策点，从决策点引出的若干条树枝表示若干种方案，称为方案枝。圆形结点称为状态点，从状态点引出的若干条树枝表示若干种自然状态，称为状态枝。图中自然状态销路好和销路差，自然状态后面的数字表示该种自然状态出现的概率。位于状态枝末端的是各种方案在不同自然状态下的收益或损失。据此，可以算出各种方案的期望收益。

方案一（结点①）的期望收益为：

$[0.7 \times 100 + 0.3 \times (-20)] \times 10 - 300 = 340$（万元）

方案二（结点②）的期望收益为：

$(0.7 \times 40 + 0.3 \times 300) \times 10 - 140 = 230$（万元）

方案三，由于结点④的期望收益 $465(= 95 \times 7 - 200)$ 万元大于结点⑤的期望收益 $280(= 40 \times 7)$ 万元，所以销路好时，扩建比不扩建好。方案三（结点③）的期望收益为：

$(0.7 \times 40 \times 3 + 0.7 \times 465 + 0.3 \times 30 \times 10) - 140 = 359.5$（万元）

计算结果表明方案三最好。注意上面的计算没有考虑货币的时间价值，这是为了使问题简化。但在实际中，多阶段决策通常要考虑货币的时间价值。

(三)多种资源产品配合法

在生猪生产中经常遇到运用多种生产资源因素,追求不同生产目标的经济问题。例如,在多种生产资源因素都有限的条件下,如何合理地运用这些资源因素,以取得最大的经济效益;另外,就是在目标、任务已经肯定的前提下,如何统筹安排,才能以最小的消耗完成这项目标、任务。对这类问题应用线性规划法,以解决为最大限度地增加产品量而最合理地分配各种生产资源因素,如土地、劳动力和其他生产资料等;以最少的资源耗费达到一定的产量;以最少的资源耗费,获得最大的纯收益。该法求解过程包括3个环节和适应的3种资料:①确定生产的目标函数,即求解的目的,一般以最大收益或最小成本为目标。②确定生产某种产品的约束条件,即确定有限生产资源因素,如土地、劳力、资金、饲料等。③为达到一定生产目标,可供采用的活动方式或途径,即确定全部变量的非负要求。

线性规划的一般求解方法有图解法、代数法和单纯形法。对于3个以下变量的分析应用图解法,对于3个以上变量一般用单纯形法或代数法。图解法就是利用坐标图把每个约束条件方程的线画上,从而确定可行解区域,然后在可行解区域内找出符合目标的函数点。步骤为建立目标函数——列出条件方程——求解。现在以2个约束条件,2种产品为例进行说明。

例:某生猪生产企业拟增加养牛业项目,假定只计划全年投入劳动日 6 000 个、精料 75 000 千克进行养牛项目的探索性生产养殖。已知饲养 1 头奶牛全年需消耗 240 个劳动日和 1 500 千克精料,每头奶牛可获利 1 500 元,饲养 1 头肉牛全年需消耗 60 个劳动日和 1 000 千克精料,每头肉牛可获利 750 元。在此条件下,饲养奶牛和肉牛各多少头获利最大?

解:

Ⅰ：设饲养奶牛的头数为 X_1 头，肉牛的头数为 X_2 头

则目标函数（获利最大）为：

$$\max f = 1500X_1 + 750X_2$$

条件方程为：

$$\begin{cases} \max f = 1500X_1 + 750X_2 & (1) \\ 240X_1 + 60X_2 \leqslant 6000 & (2) \\ 1500X_1 + 1000X_2 = 75000 & (3) \end{cases}$$

很显然，X_1 及 $X_2 \geqslant 0$ 且必须是正整数才有实际意义。那么(2)和(3)可变为等式关系，即：

$$240X_1 + 60X_2 = 6000 \qquad (1)$$

$$1500X_1 + 1000X_2 = 75000 \qquad (2)$$

Ⅱ：解(2)方程式

设 $X_2 = 0$，则　$240X_1 = 6000, X_1 = \dfrac{6000}{240} = 25$（天）

设 $X_1 = 0$，则　$60X_2 = 6000, X_2 = \dfrac{6000}{60} = 100$（天）

即仅以劳动日看，奶牛最多养 25 头，肉牛 100 头。

解(3)方程式：

设 $X_2 = 0$，则　$1500X_1 = 7500, X_1 = \dfrac{75000}{1500} = 50$（天）

设 $X_1 = 0$，则　$1000X_2 = 7500, X_2 = \dfrac{75000}{1000} = 75$（天）

仅以精料来看，奶牛最大饲养量 50 头，肉牛最大饲养量 75 头。

Ⅲ：绘坐标图

用纵坐标代表奶牛（X_1）头数，横坐标代表肉牛（X_2）头数，可绘制出直角坐标图，见图 1-6。

画出 $240X_1 + 60X_2 = 6000$ 这条直线，即图中的 CD 线，这条直线与 X_1 轴的交点为 C(25,0)；在 X_2 轴上的交点为 D(0,100)。劳

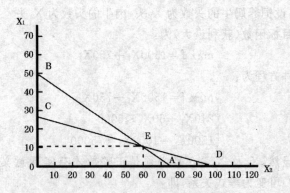

图 1-6   图解法示意

动日这一条件的可行性区域,必须在 CD 线的左下方,即 COA 这一三角形范围。

画出 $1500X_1+1000X_2=75000$ 这条直线,即图中 AB 线,这条直线与 X_1 轴交于 B 点$(50,0)$;在 X_2 轴上的交点为 A$(0,75)$,精料这一约束条件的可行性区域,必然在 AB 线的左下方,即 BOA 这一三角形范围。

同时满足本题两个约束条件的可行性区域必然是△COA 和△BOA 的相交部分,即◇AECO 范围内。可以看出,在此多边形的边线和转折上的任意点,都能满足本例所有约束条件的要求,多边形 OAEC 的 4 个顶点,即 O、A、E、C 点为本题的基本可行解。根据 max f $=1500X_1+750X_2$ 的目标函数式,对 4 个点逐一进行试算,D 点为 0,A 点为 56 250 元,C 点为 37 500 元,E 点为 60 000 元。

所以,E 点为最优解,是生猪生产企业应选择的方案,即奶牛 $X_1=10$ 头,肉牛 $X_2=60$ 头。即奶牛养 10 头,肉牛养 60 头刚好把劳动力和精料两种稀缺资源因素用完且获利最大。

二、以精细的场(厂)管理拉动生猪产业化经营模式效益提升

(一)生猪场(厂)管理及组织结构

1. 生猪场(厂)管理 生猪场(厂)的管理可以理解为经营管理者对生猪场(厂)以人力资源为中心的各种现实资源的有效整合,从而提高生猪生产加工效率和效果,实现经营目标的全部活动过程。即要做到整体把握生猪场(厂)现实资源和外部环境,有效组合;尽管生猪场(厂)资源有限、投入有限,但整合无限(图1-7)。生猪场(厂)要追求实现优化配置拥有的现实资源和充分发挥猪场(厂)人员的积极性这两大基本主题。

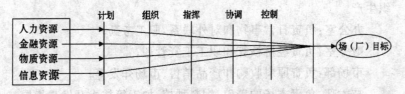

图 1-7　生猪场(厂)管理示意图

2. 生猪场(厂)组织机构 生猪场(厂)组织机构直接影响到生猪生产加工效率和效果,现行的有直线式、直线职能式、网络化等多种组织机构形式。设计组织机构以"简单+速度+纪律"为基本原则,提高公司执行力。以上述年产100吨老腊肉的某牧业开发公司为例(图1-8)。

具体领导职责及部门任务为:

总经理:1人,全面负责企业的经营管理,协调各部门的关系,负责财务管理和人事管理。

副经理:2人,即常务副经理和生产副经理,常务副经理管理

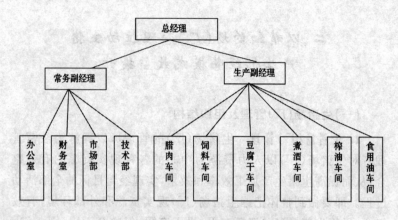

图 1-8　某牧业开发有限公司组织结构示意图

日常事务,具体管理后勤、财务、市场、技术等;生产副经理负责组织生产。

办公室:负责日常事物和对外联系,职工考勤;

财务室:负责经济核算和职工工资管理;

市场部:负责原料收购和产品销售、市场开发等;

技术部:负责本场的养殖、饲料种植、加工等技术开发与指导,负责定点农户的养殖技术指导和防疫,负责产品的质量检验;

腊肉加工车间:负责生猪屠宰、分割、加工、产品包装、入库;

饲料车间:负责青饲料的种植、预混料生产及定点农户的供应、本场使用的配合饲料的生产;

豆腐干生产车间:负责豆腐制作及豆腐干的腌制、产品包装、入库;

煮酒车间:负责白酒生产与灌装(玻璃瓶灌装)、包装、入库;

榨油车间:负责菜油生产;

食用油生产车间:负责猪油炼制与菜油混合加工成食用油、灌装(玻璃瓶灌装)、包装、入库。

以上各部门设主任 1 人,全面负责本部门的工作;

(二)生猪场(厂)成本管理

1. 生猪场(厂)成本计划编制　生产费用,按生产要素来确定生猪场(厂)的生产耗费;饲养成本,编制每头生猪和全部生猪的成本计划;控制成本计划,每项具体费用监督、检查和控制。

2. 生猪场(厂)固定成本核算管理　固定成本核算管理是生猪场(厂)或农户管理工作的中心。固定成本即固定资产组成,如圈舍、饲养设备、运输工具等的折旧费和土地税、基建贷款利息、管理费用等。分别为固定资产折旧费,如砖木水泥结构 15 年,土木结构 10 年,饲料机械等设备折旧 5 年,拖拉机 10 年等;种猪摊销费等。固定资金(成本)是固定资产的货币表现。加强对固定资金的管理,就是要合理地使用和保管好固定资产,延长其使用寿命,充分发挥其效能,提高利用率和生产率。

(1)固定资产的分类　生猪场(厂)的固定资产可以按照不同的标准进行分类。

①按照经济用途不同　可以分为生产经营用固定资产和非生产经营用固定资产两类,二者的比重,标志着生猪场(厂)的生产能力和职工生活福利条件的改善,应促使其合理配置固定资产。这种分类有利于合理安排生产用固定资产和非生产用固定资产的比例;有利于研究固定资产的技术构成,分析各类固定资产的投资比例;有利于合理调动生猪养殖加工业中各种生猪养殖品种的固定资产的使用,提高固定资产的使用率。

②按照使用程度　可以划分为使用中固定资产、未使用固定资产和不需用的固定资产 3 大类,这种分类方法能及时反映固定资产的使用情况,有利于发觉设备潜力,处理多余固定资产,也有利于折旧的核算。

③按所有权　可划分为自有的固定资产和租入的固定资产两种。注意虽然租入的固定资产不是生猪场(厂)的固定资产,但在

租入的固定资产上进行的改良工程,应按实际发生的工程支出,列作固定资产。

④按取得的渠道 可以划分为外购的固定资产,自制、自建的固定资产,投资者投入的固定资产,融资租入的固定资产,接受捐赠的固定资产,盘赢的固定资产,改建、扩建增加的固定资产等7类。

(2)固定资产的计量 生猪场(厂)的固定资产除按实物单位计量外,还必须按国家规定的计价原则,采取统一的货币单位进行计价。

①原始价值(即历史成本) 指生猪场(厂)在购置、建造、安装某项固定资产时,实际发生的全部货币支出,这种计价方法其用途在于对新购入的固定资产入账和计提固定折旧时作为基数使用。可以反映固定资产原始投资,客观性强,并且附有单据,具有可验证性。

②重置完全价值(即现行成本) 指在目前的技术水平和管理水平条件下,重新建造、购置和安装某项固定资产时所需要的全部支出。当生猪场(厂)取得无法确定的原始价值的固定资产时,如财产清查中发现盘赢的固定资产等,可以按照重置价值计价。

③净值 指固定资产原值减去累计折旧后的净额,它反映固定资产的现有价值。当需要计算盘赢、盘亏、毁损固定资产的溢余或损失时,可以采用净值计价,它反映生猪场(厂)固定资产的新旧程度。

生猪场(厂)的固定资产管理,资产折旧是一个重要内容,要按照规定正确提取折旧,这是正确计算生猪及其产品成本的基础,通过折旧提取折旧基金,固定资产的大修和重置就有了可靠的资金保证。同时,对固定资产的建造和购置要权衡轻重缓急,科学合理。包括购置和建造的固定资产要和生产规模适应,各项固定资产务求配套完整,并注意设备的通用性和适用性;争取资金使用在促进整体经济效益最好的项目上;还要建立严格的固定资产的使用、管理和保养制度,达到提高固定资产利用效果的目的。

(3)固定资产利用效果的考核指标　生猪场(厂)固定成本的管理和提高利用效率,实际就是固定资产利用效率和效果的提高,具体考核指标包括价值指标和实物指标两类,价值指标主要是固定资产产值率、生产率和利润率,实物指标主要是设备完好率、设备时间利用率和设备生产率等指标。各项指标计算公式如下:

$$固定资金产值率 = \frac{全年总产值}{全部固定资产年平均原值} \times 100\%$$

$$固定资金生产率 = \frac{全年营业收入}{全部固定资产总额} \times 100\%$$

$$固定资金盈利率 = \frac{利润总额}{全部固定资产年平均原值} \times 100\%$$

$$固定资金利用率 = \frac{生猪场(厂)使用全部固定资产原值}{生猪场(厂)拥有全部固定资产原值} \times 100\%$$

$$设备时间利用率 = \frac{某机器设备实际使用时数}{某机器设计利用时数} \times 100\%$$

$$设备生产效率 = \frac{产品产量}{设备实际作业时间(台·时)} \times 100\%$$

3. 生猪场(厂)变动成本的核算管理　变动成本即流动资金,如饲料、药品、疫苗、燃料、水电、易耗品及人员工资等。分别有饲料费,生猪实际消耗的各种饲料(饲草、青贮料、精饲料、添加剂)费用及运杂费;人员工资,直接从事生猪生产的人员工资、奖金、津贴和福利等;防疫治疗费;燃料水电动力等。可见,生猪场(厂)的流动资金是由生产领域的流动资金和在流通领域的流动资金所构成的,它是生猪业进行正常生产的重要条件。加强生猪业流动资金管理的基本要求是正确地核定流动资金定额;合理地组织资金供应,节约地使用流动资金;在保证完成生猪产品生产任务所需流动资金的前提下,不断加速资金周转,充分发挥流动资金的效能。

(1)流动资金分类 生猪场(厂)的流动资金由储备资金、生产资金、成品资金、货币资金、结算资金所组成。

①储备资金 指为进行生产而储备的各种材料和物资所占用的资金。包括饲料、肥料、燃料、润滑油料、修配用材料和零件、低值易耗品等。

②生产资金 指占用在生产过程中的现金,包括培育仔猪、肥育架子猪、待产母猪和肥育猪以及待摊费用等。在产品是指正在生产过程中尚未完成的产品,如正在肥育生猪舍内生长的架子猪等。待摊费用是指本期已经发生,但不应一次计入本期产品成本,需要根据受益期限分期摊入以后各期产品成本的费用。

③成品资金 指已经生产出来的产成品所占用的资金。

④货币资金 指在供应、销售和内部结算过程中发生的各种应收款和暂付款等。

改善流动资金的使用情况,关键在于加速流动资金的周转,就是要缩短流动资金在生产和流通领域停留的时间,从而减少流动资金的占用量。流动资金周转速度越快,为完成一定的生产任务所需要的流动资金就越少,反之就越多。

(2)流动资金利用效果的考核指标 对流动资金利用效果的考核指标主要有流动资金周转率、流动资金产值率和流动资金盈利率等3大类指标。通过指标的考核,针对性地采取措施,加强对流动资金的管理。

流动资金周转率是反映流动资金周转速度的指标。通常是指流动资金周转1次需要的时间或在一定时间内资金周转的次数。前者称为周转率,后者为周转期。流动资金周转速度快,周转期短,在生产中占用少,利用效果好,经济效果就好。所以,流动资金周转率是评价流动资金利用效果的最重要指标。计算公式如下:

$$流动资金年周转次数 = \frac{全年销售收入}{全年流动资金平均占用额}$$

$$流动资金周转天数 = \frac{360\ 天}{年周转次数}$$

$$流动资金占用系数 = \frac{流动资金年平均占用额}{年产品销售总额}$$

流动资金产值率是反映流动资金占用与生产成果之间关系的指标,通常用每百元流动资金创造的产值来表示。计算公式为:

$$每百元流动资金产值 = \frac{全年总产值}{全年流动资金平均占用额} \times 100\%$$

流动资金盈利率是反映流动资金能提供多少利润的指标,占用与生产成果之间关系的指标。通常用每百元能提供多少利润的指标来表示。计算公式为:

$$每百元流动资金利润率 = \frac{全年营业利润总额}{全年流动资金平均占用额} \times 100\%$$

这些指标分别从不同的角度反映流动资金的使用效果,其中最重要的是流动资金的周转速度。要加速流动资金的周转、提高流动资金的利用效果,就要做到尽量增加产值或销售收入额,减少流动资金的占用额。具体就是要尽可能缩短生猪生产周期或增加生产期短的产品的生产;尽可能合理地配置生产部门,以便均匀地使用生产资金,合理储备物资,避免积压资金;尽可能减少不合理的生产支出,减少在产品资金占用额;及时出售产品,缩短产品滞留时间;加强信贷的计划性,减少利息的支出;及时收回积欠的资金,降低结算资金占用额等。

(三)生猪场(厂)生产计划管理

1. 生猪场(厂)生产计划编制 生猪场(厂)要编制出年度、季度等各期的生产计划,指导生产实践。必须清楚出栏率、受胎率等常见的主要生产技术指标。各项指标是反映生产技术水平的量化指标。经过对生产技术指标的计算分析,可以反映出生产技术措施的效果,从而总结提高生猪场(厂)的生产水平及生猪产业化经营模式的经济效益。

(1)情期受胎率 计算公式为:

$$情期受胎率(\%)=\frac{受胎母猪数}{情期配种母猪数}\times100\%$$

理想水平90%以上,自然交配的猪场应达到85%以上,人工授精猪场达到88%以上。

(2)分娩率 计算公式为:

$$分娩率(\%)=\frac{正常分娩母猪数}{妊娠母猪数}\times100\%$$

理想分娩率应高于95%,一般猪场水平90%左右。

(3)配种分娩率 计算公式为:

$$配种分娩率(\%)=\frac{分娩母猪数}{情期配种母猪数}\times100\%$$

或

$$配种分娩率(\%)=情期受胎率\times分娩率\times100$$

理想水平应在83%以上。

(4)公母猪比例 计算公式为:

$$公母猪比例=\frac{成年公猪数}{繁殖母猪数}$$

自然交配纯种繁育一般1:10左右,管理水平较高的商品猪场1:20,大多数猪场1:25,人工授精商品猪场1:150,最好的1:200。

(5)繁殖周期 繁殖周期是指母猪相邻2个胎次的间隔时间。一般约为156天。计算公式为:

$$繁殖周期=平均空怀期+妊娠期+哺乳期$$

(6)年产窝数 计算公式为:

$$年产窝数=\frac{1年的天数}{繁殖周期}$$

即 $365 \div 156 = 2.34$ 窝,一般为 $2.1 \sim 2.2$ 窝,理想水平 $2.3 \sim 2.4$ 窝。

(7)哺乳仔猪存活率　计算公式为:

$$哺乳仔猪存活率(\%) = \frac{断奶存活的仔猪数}{出生活仔数} \times 100\%$$

(8)出栏率　生猪出栏率系指在一定时期(1年)内,出栏头数与期初(年初)存栏猪数之比。计算公式为:

$$出栏率(\%) = \frac{期内出售头数}{期初存栏头数} \times 100\%$$

2. 生猪场(厂)要做好生产记录　按相应表格,如种公猪配种情况表(表 1-1)、基础母猪繁殖情况表(表 1-2)、仔猪生长发育记录表(表 1-3)、猪群周转表(表 1-4)等或自行设计表格,亦可参照某万头猪场的生产繁殖技术数据和猪群结构(表 1-5)做出安排,做好详细的生产记录,运行计划,执行、检查、总结计划循环管理,保障生猪场(厂)生产计划保质保量完成。

表 1-1　种公猪配种情况表

公猪号	配种时间	与配母猪号	分娩日期	产仔数	断奶成活数	备　注

表 1-2 基础母猪繁殖情况表

母猪号	发情时间	配种时间	与配公猪号	分娩日期	产仔数		断奶日期	断奶成活数		备注
					公	母		公	母	

表 1-3 仔猪生长发育记录表

仔猪号	母猪号	出生日期	初生重	断奶日龄	断奶重	2月龄体重	备注

表 1-4 猪群周转表

猪群类型		月份												备注
		1	2	3	4	5	6	7	8	9	10	11	12	
基础母猪	月初数量													
	转 入													
	淘 汰													
	出 售													

表 1-4　猪群周转表

猪群类型		月　份												备　注
		1	2	3	4	5	6	7	8	9	10	11	12	
后备母猪	月初数量													
	转入													
	转出													
	淘汰													
	出售													
基础公猪	月初数量													
	转入													
	淘汰													
	出售													
后备公猪	月初数量													
	转入													
	转出													
	淘汰													
	出售													
仔猪	月初数量													
	转入													
	转出													
	淘汰													
	出售													
肥育猪	月初数量													
	转入													
	转出													
	淘汰													
	出售													

表 1-5 一个万头猪场(厂)生产繁殖技术参数和猪群结构

繁殖技术参数和猪群结构项目	单　位	数　值
每年的天数	常数,天	365
猪场年生产能力	头	10000
母猪妊娠期	天	114
母猪实际哺乳期	天	28
平均空怀期	天	14
配种后观察期	天	28
产前进产房的天数	天	7
母猪年更新率	%	33
窝产活仔数	头	9.5
配种受胎率	%	85
公猪年更新率	%	33
母猪哺乳期(包括产前7天)	天	35
仔猪哺乳期	天	35
保育期	天	35
生长肥育期	天	90
公母猪比		1∶25
母猪分娩率	%	95
哺乳仔猪存活率	%	90
断奶仔猪存活率	%	95
生长肥育期存活率	%	98
繁殖节律	天	7
母猪的繁殖周期	天	163

续表 1-5

繁殖技术参数和猪群结构项目	单　位	数　值
母猪年产窝数	窝	2.24
猪场总母猪头数	头	561
每个繁殖周期分娩母猪头数	头	24
每个繁殖周期配种母猪头数	头	30
空怀母猪数	头	145
妊娠母猪数	头	272
分娩哺乳母猪数	头	120
哺乳仔猪数	头	1030
保育仔猪数	头	978
生长肥育猪数	头	2466
后备母猪数	头	185
公猪数	头	22
后备公猪数	头	7
猪场总存栏猪数	头	5289

(四)生猪场(厂)人力资源管理

1. 生猪场(厂)劳动及劳动生产率

(1)生猪场(厂)劳动力的使用　生猪场(厂)劳动力的使用是指通过确定劳动力的定员,选拔和使用经理人员,培训劳动力和劳动力的合理流动等,以达到充分发挥劳动者的积极性和创造性的目的。

(2)生猪场(厂)劳动生产率及其提高　生猪场(厂)劳动生产率是指生猪场(厂)劳动者在一定时间内生产生猪及其相关产品的

能力,它是劳动者取得的劳动成果和相应的劳动消耗之间的比率。通常用单位时间内创造生猪及其相关产品使用价值的数量,或消耗于单位生猪及其相关产品的劳动时间来衡量。计算公式为:

$$生产业劳动生产率=\frac{质量合格生猪产品数量}{消耗的劳动时间}或$$

$$生猪业劳动生产率=\frac{消耗的劳动时间}{质量合格的生猪产品数量}$$

在上式中,"质量合格的生猪产品数量",实质上是"有效劳动成果",它可具体化为生产出符合质量要求的实物量,即总产量或商品量等;为把不同的使用价值相加,则需用价值量表示,即将产品数量变成产值。根据计算和分析需要,还可以从产值中减去物质消耗求得净产值,或减去生产销售成本求得纯收入。用它们作为"有效劳动成果"的代表,可以消除物质消耗、劳动报酬对"劳动成果"的影响,使结果更加准确。

公式中"消耗的劳动时间",既指消耗的活劳动和物化劳动的总和,也可以仅指消耗的活劳动时间。前者形成的生产率叫做全劳动生产率,也称为总劳动生产率、完全劳动生产率,后者形成的生产率,则叫做活劳动生产率。但是,实际中,计算物化劳动时间比较困难,一般只计算活劳动时间消耗。它可按全体直接生产工人计算,可以具体化为人年、人日、人时。通常以人年为单位计算,也可按生猪场(厂)全体劳动者计算,求得全员劳动生产率。

$$全员价值劳动生产率=\frac{生猪场(厂)总产值}{生猪场(厂)人数}$$

这是以货币形态表示的生猪场(厂)全部职工在单位时间内所生产的生猪产品产量,它可以反映生猪场(厂)生产水平、技术水平和管理水平的高低。

劳动生产率的高低受多方面的影响。马克思指出:"劳动生产率是由多种情况决定的。其中包括:工人的平均熟练程度、科学的发展水平和它在工艺上应用的程度,生产过程的社会结合,生产资料的规模和效能，以及自然条件。"显然，要提高生猪场(厂)劳动生产率，必须解决好生猪业发展的内外部环境问题，如社会经济条件、技术条件、物质条件和信息化程度等。提高我国生猪业劳动生产率的途径很多，主要是提高生猪生产效率、劳动效率和工作效率，这就要对生猪场(厂)劳动力要素进行科学的组合及人力资源的开发。

2. 生猪场(厂)劳动力要素的科学组合　劳动力资源必须和劳动资料或称劳动工具、劳动对象、所需资金、市场信息有机地组合起来，才能形成较高的生猪业生产率的生产能力，各种要素的有机组合有一定的模式，模式组合越优，生产效率和经济效益才会越高。在具体组合时要注意做到以下几点：

(1)生猪场(厂)劳动与其他生产要素结合在质上的适应性　就是至少应做到在技术上、人的素质上要相互适应。比如大型现代化的生猪场(厂)引进的先进设备，那么职工的素质必须要跟得上要求。

(2)生猪场(厂)劳动与其他要素组合在量上的比例性　生猪场(厂)劳动力与其他生产要素的组合，它们的关系不是任意的凑合，不是随意的简单相加，而应根据不同的生产方式、不同的生产技术，有比例的配合，最终达到当生产要素投入一定量的情况下，能够得到最大产出量的最优组合方案。

(3)生猪场(厂)劳动力与其他生产要素结合在时间上的适时性　生猪场(厂)生产有一定的季节性，生产的季节性对生产要素的投入要求较高，如繁殖季节对人力和其他物质的要求。力争到适时投入，争取时间使生猪及其相关产品带来更多的价值。强化"时间就是金钱，效率就是生命"的观念。

(4)劳动力与其他要素的投入在空间距离上的最佳性　在空间上的距离最佳性，就是要符合物流线路最短的要求，使物畅其流，不倒流，不重复劳动，整体线路最短，总体时间最省，效益最好，以使生猪场(厂)劳动力管理符合专业化、综合化生产过程的要求。

3. 生猪场(厂)人力资源的开发路径 要提高生猪场(厂)劳动生产率,离不开生猪场(厂)人力资源的开发。事实上,现代社会企业之间的竞争就是人才的竞争。可以说人力资源是企业竞争的决胜因素,人力资源的开发利用是生猪场(厂)劳动及劳动力资源管理的战略性任务。所谓人力资源就是存在于人身上的社会财富的创造力,就是人类可用于生产产品或提供服务的体力、技能和知识。那么,作为存在于人身上的创造力究竟有多大,人力资源发挥的创造作用究竟取决于哪些主要因素?这还是一个有待进一步深入研究的问题。就一个组织而言,其生产力可用函数:$FO=f(N, Q,M,B)$表示,式中 FO 是生猪场(厂)的生产力,N 为生猪场(厂)内成员数量,Q 为生猪场(厂)成员素质水平,M 为激励程度,B 为生猪场(厂)协调状况。所以,对于生猪场(厂)人力资源的开发利用至少有这样 4 个方面。

(1)生猪场(厂)人力投入与生产函数 在生产领域安排劳动者就业,使人由纯粹的消费者变成生产者,这是人力资源开发的第一个途径,人力投入可增加产出。早在 20 世纪 30 年代初,美国人 Paul H·Dougls 和 Charles W·Cobb 就根据历史资料,研究了 1899—1922 年间,劳力投入和资本投入对生产量的影响,得出了那期间美国宏观经济的生产函数,这就是有名的柯布—道格拉斯生产函数,公式如下:

$$Q=AL^\alpha C^{1-\alpha}$$

式中:Q 为产品产量,A 为规模常数,α 为弹性系数,L 为劳动投入量,C 为资本投入量。

由于 $\alpha>0$,由此人力投入可增加产出,但不是线性关系,它要受资本投入的制约,还要受规模经济规律的制约。可见这一生产函数也反映了为获得一定的产量,资本和劳力有一定的组合比例,也就是资源的优化配置问题。这个具体的数值可以通过数学模型计算出来。

但要注意的是,生猪场(厂)投入的人力,其前提必须是有事可做,不能无目的地投入;另外,还必须有相应的资金保证,使人均技术装备达到一定的水平。其次,还必须考虑经济规模,使人力适度集中、分散合理配置。要把在职、失业人员配置到更高的生产领域中去。

(2)生猪场(厂)人员的合理配置与边际产出　这是人力资源开发的第二个途径,就是在生猪场(厂)各生产领域合理配置人力,以保持生产系统的协调。因为系统的生产力不是每个人生产力的简单叠加,而在很大程度上取决于人们的结合状况,即协调状况。同一个劳动者在不同的生产领域中有不同的边际产出。其原因一是不同生产领域人力资源的短缺状况不一样;二是不同生产领域生产率状况不一样,例如现代生猪场(厂)生产率大大高于传统生猪业领域;三是不同生产领域管理水平不一样,文化水平不一样,生产环境就不一样;四是不同生产领域所需专业技能与个人已掌握技能吻合程度不一样。所以,必须合理配置人力,使其达到边际产出,这是开发人力资源的重要途径。合理配置人力还包括优化生猪产业结构及优化组织结构,以使每个人具有最高的边际生产力。

(3)生猪场(厂)人力发展与智力投资　通过教育、培训提高劳动者素质,才称为人力发展。联合国教科文组织的研究表明,劳动生产率与劳动者受教育的程度成指数关系(图 1-9)。如与文盲相比,小学毕业可提高生产率的 43%,初中毕业可提高 108%,大学毕业可提高 300%,表明人力发展是最有效的人力资源开发途径。从宏观角度,应当大力发展生猪生产等各种科学教育,提高全民族素质。一个低素质的民族在国际竞争中只能以大量的自然资源消耗及人力耗费去换取少量的高科技产品,结果只能日益落后和贫穷。但教育投资不能立即产生利润,往往在急功近利中被忽视。

从微观角度看,生猪场(厂)应当重视对职工的培训,舍得智力投资,有了高素质的员工,就有了强大的竞争力,企业就有了立足和发展的基础。要意识到人力的发展不仅指知识技能教育,还包括培养劳动者现代意识、职业道德及良好的工作作风。

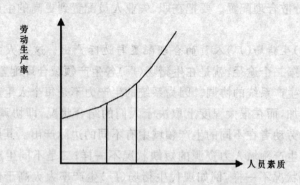

图 1-9 生猪场(厂)劳动生产率与人员素质关系

(4)生猪场(厂)人员激励与管理投入 生猪场(厂)的激励水平越高,员工的积极性越高,生产力也就越高,这是一般常识。从宏观角度看,就要调整社会各方面的责、权、利关系,把各阶层各企事业单位的人员积极性调动起来。在微观上就是要调整企业内部责、权、利关系。这是人力资源开发的第四个基本途径。

要实行结构、职能工资制,通过招聘选拔,在生猪生产领域投入新的人力资源;通过培训提高员工素质;通过考核更好地使用员工;通过改善劳动关系和内外部环境,充分调动生猪场(厂)员工的积极性和创造性。

(五)生猪场(厂)生猪及其相关产品市场营销管理

1. 生猪及其相关产品市场营销管理的实质 生猪及其相关产品市场营销管理的实质就是对生猪及其相关产品市场需求的管理。市场需求分为对生猪及其相关产品的负需求、潜伏需求、无需求、需求下降、充分需求、不规则需求、过量需求、有害需求共 8 种市场需求状态。市场营销管理就是要使生猪及其相关产品尽可能保持在市场充分需求的状态,顺利实现从生产者手中到消费者手中这一"惊险的一跳"。生猪及其相关产品市场营销起着决定性的作用,是联系生产者与消费者的"桥梁",它既服务于生产者,又服务于消费者。

2. 生猪及其相关产品市场营销战略管理

(1)开拓两大市场　两大市场即国内市场和国际市场。生猪及其相关产品深化产业化开发,强化品牌建设,开辟新市场。从产品质量、销售渠道、价格比照到营销网络支持及促进销售等方面加大营销组合改进力度,提升国内市场的总体需求。同时,按照国际标准规范生产、经营管理生猪及其相关产品,重视无污染和绿色生猪食品的生产,实现对生猪及其相关产品市场的递进式全面开拓。

(2)实施两个推广　以现代畜牧业示范区带动推广、商企政联合推广。实施以生猪及其相关产品市场为中心,向全国各大市场全面延伸,并走向国际市场。强力打造我国生猪及其相关产品品牌。实施政府搭台,生产加工企业和商业企业联合推广生猪及其制品。由政府提供生猪的公共信息平台,商业企业和生产加工企业联合为主导的营销推广模式。以强有力的广告宣传攻势顺利拓展市场,为生猪产品准确定位,突出产品特色,采取差异化营销策略。以产品主要消费群体为产品的营销重点,建立起点面宽广的销售渠道,不断拓宽销售区域。

(3)采取多种营销模式　经营模式有以下几种。

①直销模式　某些生猪及其制品在市场开发阶段,适宜以生产厂家直销为主。怎样让消费者相信,凭什么让消费者相信,是否赢得回头客,这在很大程度上靠宣传。直销就是厂家直接布局销售网点,与消费者面对面地销售产品,向消费者讲解使用方法、产品的功能及相关知识,回答消费者疑问。

②顾客推荐模式　在前面直销的基础上,消费者之间相互交谈,"口碑"效应也有了。这个时候可以采取直销+顾客推荐模式,这样不仅有利于培养和提高原有顾客群的满意度和忠诚度,还可以通过他们向潜在顾客群传播有利于企业的正面信息,从而为本产品带来新的顾客,大大降低开发新市场的成本。其结果,必然大大提高如腊肉、火腿肠等生猪及其制品市场份额的"质量",市场不仅扩大了,更重要的是变强了,真正成为市场竞争的强者。

③推拉营销模式　随着一些特色生猪及其制品的不断深入消费者群体,消费者将会有新的要求。此时需要变革营销模式,厂家直销需要采取差异化营销,而差异化营销就是以生猪及其制品的不同品种针对不同的消费群体的推拉营销模式。

④立体营销模式　现代电子技术的发展,必然导致各行各业采用先进技术,包括在营销环节上。生猪及其制品同样需要在传统营销模式的基础上借助电子商务网络营销模式,从而建立传统营销和电子商务网络营销的立体营销模式,以适应不断变化的市场需要。

⑤电子商务营销模式　利用现代互联网技术,建立电子商务管理和营销模式。电子商务是当前适应互联网发展的要求,促进生猪及其制品营销的一种新型营销方式。要逐步努力把那些符合条件的生猪及其制品电子商务化,开展网络营销。

第四节　国内生猪产业化的成功案例及分析

在湖南农业产业化过程中,"公司+农户"是产业链接的基本模式。但成功与否,关键在于公司与农民的利益关系如何处理。

过去几年,各地探索公司加农户的办法,如随行就市按市价收购;实行收购保护价措施;推行统一供种、供技术、统一收购;赊种、赊饲料、赊兽药,售后统一结算。这些办法都起过一定作用,但又都存在制约性问题。前两种办法,农户存在风险,市场不景气,生产就滑坡;后两种办法,公司投入多,农民不守合同,就会有去无回。

几经探索,各地总结出了一套适合本地的模式。

第一,伟鸿模式。湘潭市伟鸿食品有限公司从 1999 年 11 月成立开始,一头连着海内外市场,一头连着千万家农户,短短 5 年,从最初的生猪屠宰加工公司迅速成长为拥有自营进出口权的外贸大户,年屠宰加工生猪量达到 50 万头。2003 年,公司屠宰生猪 30 多万头,生产分割肉 18 000 多吨,加上猪油、猪副产品等贸易,实现销售收入 1.76 亿元,出口分割肉 7 685 吨,创汇 840 万美元。2004 年年屠宰量突破 80 万头,创汇突破 1 000 万美元。公司采用"公司＋协会＋农户"模式,进行强强协作,即把大型生猪加工企业、饲料供应企业、种猪供应企业、动物防疫部门和养殖水平高的养猪专业户和大型养猪场联合起来,协同作战,在生猪养殖、加工的整个环节上全程监控,在源头上把好肉品质量关。龙头企业按照制定的质量标准和市场的需求组织收购,协会组织农户按照生产标准和龙头企业的检验要求组织养殖,每个环节对质量安全的要求都以合同的方式履行。这使松散的产销关系转变为相对固定、集中的供求关系,改变了过去市场面对千家万户,难以控制产品质量和安全的被动局面。同时,通过"七统一"充分保证农户利益,在按保护价收购的基础上,还以协会为中介对农户实行了"七统一"服务,即统一购销、统一引种、统一防疫、统一培训、统一饲料、统一结算和统一贷款,以此来保证生猪的质量和激发农户养殖的积极性。现在,公司下属协会已达 40 多个,通过协会来组织养殖,提高了企业的带动能力,加快了生猪产业化的发展。据公司负责人王建伟介绍,通过这种模式,2002 年加入协会的农民每户增收 800 元,2003 年提高到每户增收 3 200 元,2004 年每户增收到

8 000 元。这一模式也迅速提高了广大农户的积极性,到目前为止,养殖生猪达到 100 头以上的农户达 1 800 户,范围扩展到宁乡、长沙、衡阳等周边市县。

第二,双佳模式。创立于 2002 年 1 月 8 日的石门县双佳禽业合作社,它是一个以从事家禽养殖生产的农民为主体,以双佳农牧公司为龙头的股份合作制互助经济组织。合作社现有社员 463 人,注册资金 14.63 万元,股金 1 221 万元,固定资产 673.09 万元,员工 150 余人,其中各类科技人员 45 人、管理人员 27 人。合作社共划分养殖基地 10 个,其中各类专业养殖大户 463 户、小型养殖户 1 100 多户,养殖范围覆盖石门县及周边近 10 个县、市,直接从业人员近 4 000 人。合作社采取"六包"、"两协助"的模式建立与农户的利益联结关系。"六包"即:包供应鸡苗、包供应饲料、包供应药品、包供应养殖设备、包免费技术服务、包保价回收产品;"两协助"即:协助养殖户建场选址、协助养殖户防疫。其运作模式是通过合作社龙头——双佳公司＋基地＋农户的经营模式来实现的。此模式的主要特点:一是合作社和公司承担全部市场风险、大部分资金风险和一部分养殖风险,而社员和养殖户只承担一部分养殖风险和少部分资金风险,增强了农户加盟合作社的积极性,最典型的实例是 2004 年遭遇"禽流感",各地都设置了重重关卡不让活鸡入境和流动,活鸡销售基本冻结,销售价格也降到了历史最低的 3.6 元/千克,但合作社和公司仍然保价全部回收了社员和农户的商品鸡,有效地保护了鸡农的利益,这样使得社员和农户把合作社当成了真正可以依靠的娘家;二是通过为社员和养殖户提供生产技术服务,有利于按标准化进行产品生产,确保产品的质量安全;三是保价回收社员和养殖户的全部产品,通过联合集体销售,减少了单位销售成本和交易成本,扩大了市场份额,更重要的是解除了社员和养殖户"生产容易,销售难"的后顾之忧,有利于多方良性互动和滚动发展;四是有利于增加合作社的收入和减少其人员的投入和支出；五是能使社员和养殖户在短时间之内走上脱贫致富之路。此模式的运行起到了"建一个组织、兴一项产业、活一地经济、富一方百姓"的作用。

第三，湖南宁乡温氏模式。公司提供种鸡、饲料、防疫，统一收购营销，让农户成为"第一车间"，公司通过成本核算，确保农户出笼一只鸡，获利1.2元以上。非典和禽流感期间，温氏公司补贴1 700万元，按合同价收购农民手中的成品鸡，果断承担风险。

第四，舜华模式。则靠养鸭协会参与收购定价，保障养鸭大户的利益。

此外，还有正虹模式、天华模式等。

这些模式的成功，首先对生产进行了保护。从产到销的各环节都实行成本核算，确定利益分配比例，并十分注意让利于农。其次，都有自我约束机制。公司与农户通过签订合同，规范双方行为，不按合同办事，就按违章处理。此外，还对风险进行调节。公司从经营收入中提取一定比例的风险基金、奖励基金，增强养殖户抵御市场风险的能力，同时奖励按合同完成任务的农户。

在这些产业链模式下，企业与农民都把对方利益看成头等大事，共同打造出标准化的"第一车间"，使产业链紧密衔接有效运行，带动了农村产业化的不断发展，带动了农产品优质率的不断提高，带动了农业招商引资的不断发展，更重要的是增加了农民收入。据测算，通过农产品加工，龙头企业为全省从事农业产业化经营的农户年均增收469元。

第二章　种猪选育体系的建立

第一节　我国猪的品种

我国幅员辽阔,气候差异大,猪的品种很多,经多次普查,据不完全统计达 150 个,经过归纳整理,目前有 76 个地方品种,其中已经列入《中国猪种品种志》的有 48 个。由于各地区自然条件多种多样及选育要求的不同,形成了我国不同地区的各具特色的地方优良品种,并有众多品种成为世界各国猪品种育种的基础,如太湖猪的高繁殖力、民猪的抗寒性、香猪的肉质等。我国猪种主要的优良种质特征是繁殖力高,肉质好,抗逆性强,性情温驯,体质健壮,抗病力强,抗寒、耐热性能好,耐饥饿(对低营养耐受力强),耐粗饲,能适应高海拔生态环境;主要缺点是产仔率和初生重低;瘦肉少,脂肪多,容易过肥,产肉能力差;饲料报酬低,增重速度慢,出栏晚。

我国地方优良猪种与国外培育品种和国内杂交育成的新品种截然不同,在长期自然生态环境的影响下,各地区各自形成适合本地区的猪种类型。我国学者依据猪种起源、体型特点和生产性能,按自然地理位置上的分布,将我国地方猪种划分为六大类型,即华北型、华南型、江海型、西南型、华中型和高原型。

一、华 北 型

主要分布于内蒙古、新疆、东北、华北、黄河流域和淮河流域。

该地区一般气候寒冷，干燥少雨，农作物一熟或两熟，因此饲料条件不如华中和华南。

外形特点：体质健壮，骨骼发达，体躯高大，背狭而长，四肢粗壮，头部平直，嘴长，耳大下垂，额间皱纹纵行，皮厚多皱褶，毛黑色粗密，鬃毛发达。

生产性能：母猪繁殖力强，一般每窝产仔猪 10～12 头，母性强，泌乳性能好。按照个体大小和成熟的迟早可分大、中、小型，分布在不同地区。一般山区和边远地区为大型，城市附近为小型，农村饲养中型。华北型猪肉质好，肉色鲜红，肌间脂肪含量高，味香浓。

代表猪种：东北民猪、河南八眉猪、河北深县猪、陕西南山猪、江苏淮猪等。

二、华　南　型

主要分布于南岭与珠江流域以南，在云南的西南和南部边缘，广西、广东南部，福建东南部，海南省和台湾省。该地区为亚热带地区，四季如春，草木繁茂，一年三熟，青绿饲料极多，养猪条件最好，可培育出早熟易肥、皮薄肉嫩的优良猪种。

外形特点：华南猪与华北猪相反，背腰宽阔凹陷，肋弯曲，胸较深，腹部疏松下垂拖地，后躯丰满，大腿肥厚，四肢短小，骨骼细致。头短而宽，嘴短，耳小直立，额部皱纹多横行，皮薄毛稀，毛色多为黑白花。

生产性能：性成熟早，母猪 3～4 月龄开始发情，母性好，护仔性强，一般每窝产仔猪 8～9 头，繁殖力低于华北型猪。早熟易肥，脂肪多，背膘厚，肉质细嫩。

代表猪种：滇南小耳猪、香猪、台湾猪、海南文昌猪和两广小花白猪等。

三、华中型

分布于长江与珠江之间的广大地区,它的北缘与华北型的南缘相接,南缘与华南型北缘相接,该地区属于北亚热带和中亚热带,气候温暖,雨量充沛,地区广阔,是粮、棉主要产区,饲料条件充足,青绿饲料丰富。

外形特点:体型呈圆桶形、中等大小,体质较疏松,骨骼细致;背较宽、背腰下陷,四肢较短。耳稍大下垂,毛色多为黑白花,也有少量黑猪。

生产性能:繁殖力介于华北型与华南型之间,性较早熟,母猪每窝产仔猪 10~12 头。

代表猪种:大白花猪、湖南宁乡猪、福州黑猪、浙江金华猪和江西萍乡猪等。

四、西南型

分布于湖北西南部、湖南西北部、四川、贵州北部、云南的大部分地区,属于云贵高原和四川盆地。盆地的饲料条件丰富,形成体型丰满、早熟易肥的肉脂兼用型猪。

外形特点:头大,腿较粗短,额部多有旋毛或纵形皱纹,毛色全黑和"六白"较多,但也有黑白花和红毛猪。

生产性能:由于地处高原和盆地,地理、气候及农作物差异较大,所以猪种在外形和生产性能方面也有明显差异。生长发育较快,母猪产仔猪 10 头左右。而生长在高原的猪,则形成体质结实的腌肉型猪,母猪一般产仔猪 8~9 头。四川盆地平原型的猪肥育期较短,肉质好。丘陵型的猪腹部脂肪沉积能力中等,6~7 月龄体重可达 90 千克左右。胴体瘦肉率高,肉质细嫩而味美,哺乳期仔猪肉无腥味,适宜作实验动物和烤乳猪生产。

代表猪种有:四川荣昌猪、内江猪,云南保山大耳猪等。

五、江海型

分布于华北和华中两类型交界的汉水和长江中下游地区,处于亚热带和暖温带的过渡地带。该地区气候温和,土地肥沃,雨量充沛,一年两熟或三熟,饲料资源丰富。

外形特点:受华北型和华中型猪的影响,江海型猪种较杂,可分为两类:一类为受华北型影响较大的中小型黑猪,耳大下垂,背腰凹陷,四肢粗壮,皮厚多皱褶。主要品种有江苏大伦庄猪,江、浙和上海一带的太湖猪等。另一类为受华中型影响较大,毛色向黑白花过渡的猪种。

生产性能:早熟,繁殖力高,一般每窝产仔猪13头以上,小型种6月龄体重60千克以上,耐粗饲,适应性强,肉质特好,肉色鲜红,细嫩味香。

代表猪种:太湖猪、虹桥猪等。

六、高 原 型

主要分布于西藏、青海、甘肃的南部、四川的阿坝州和甘孜地区。气候寒冷,农作物生长期短。

外形特点:猪种表现背狭而微凹,腹小臀斜,四肢健壮有力,头狭小嘴直长,耳小直立,皮厚,鬃毛粗密,毛为黑色、黑褐或黑白花。

生产性能:繁殖力低,母猪每窝产仔猪5～6头。生长缓慢,饲养1年体重20～25千克,2～3年35～40千克,是体型小的晚熟品种。肉质鲜美多汁,藏猪的鬃毛产量高(0.25千克/头)、质量好(长12～18厘米)。

代表猪种：藏猪。

第二节　国外引进猪的品种

我国从国外引进的主要猪品种有长白猪、大约克夏、杜洛克、汉普夏猪，少量引进的有斯格、法国大白猪、皮特兰、比利时长白和迪卡"杂优猪"。可以说，世界上著名的优良瘦肉型品种的猪，我国现在几乎都有，并经与本地品种猪杂交形成了300多个适应各地饲养条件的改良品种。

一、长　白　猪

原产于丹麦。头小，颜面平直，耳大前伸，身躯长，后躯发达，整个体型呈前窄后宽的楔子形，全身被毛白色。

公猪6月龄性成熟，8月龄开始配种。成年公猪体重400～500千克，母猪平均体重300千克，母猪乳头7～8对，发情周期21～23天，初产母猪窝产仔数8～10头，经产母猪窝产仔数9～13头，仔猪初生重1.30千克以上，6月龄体重可达90千克以上，平均日增重800克，料肉比2.6∶1，屠宰率72%，瘦肉率62%。

长白猪生产性能高，遗传性能稳定，杂交效果显著，配合力好。缺点是不抗寒，适应性较差，好斗。

我国于1964年引进长白猪，俗称老三系，又称英瑞系，但由于忽视选育工作，生产性能下降。最近几年从丹麦、比利时、加拿大引进的长白猪，又称新三系，但相对而言，肢蹄健壮程度较差，生长速度和繁殖性能不及老长白，但瘦肉率可达63%～65%。在国内各地广泛用作杂交父本，其杂交表现生长快、省饲料、胴体瘦肉率高。

二、大 白 猪

原产于英国。头颈较长,脸微凹,耳中等大小、稍前倾,体躯长,背略弓,肌肉发达,全身被毛白色。

成年公猪体重 300~500 千克,母猪 200~350 千克,初产母猪窝产仔数 11 头左右,经产母猪窝产仔数 13 头左右,60 日龄断奶育成 9~10 头、窝重 150~180 千克、个体重 15~19 千克。日平均增重 800 克,料肉比 2.8∶1。

大白猪的体质和适应性优于长白猪,在三元杂交体系中,一般用作第一母本。我国 1957 年开始引种,现已在华中、华东、华南地区被广泛推广。丹麦产大白猪性能最好,平均日增重 900 克,瘦肉率可达 63%~66%。

三、杜洛克猪

原产于美国。全身红色毛为其突出特征。母猪一般 6~7 月龄性成熟,初情期 207 天,体重 120 千克左右;1 岁母猪体重 175 千克左右,公猪 205 千克左右;成年种公猪体重 350~450 千克,母猪 230~390 千克;初产母猪窝产仔 9 头左右,经产母猪窝产仔数 10 头左右,初生重 1.5 千克左右,150 日龄体重可达 90 千克,日平均增重 800 克,料肉比 2.9∶1,屠宰率 75%,瘦肉率 62%。

杜洛克猪四肢粗壮,性情温驯,抗寒,适应性较强,生长快,饲料利用率高,瘦肉率高。目前,国内多用作三元杂交的终端父本。

我国于 1972 年从美国第一次引进该品种。

四、汉普夏猪

原产于美国。肩和前肢围绕一条白带，其余被毛全黑为其突出特征。成年种公猪体重 315～410 千克，母猪 250～340 千克；母猪发情周期 19～22 天，初产母猪窝产仔数 7～8 头，经产母猪窝产仔数 8～9 头，仔猪到育成阶段（体重 35 千克以前）增重慢，160 日龄体重可达 90 千克，平均日增重 700 克，屠宰率 71％～75％，瘦肉率 64％以上。

优点是膘薄，皮薄，眼肌面积大，肉质好。缺点是性成熟晚，产仔少，泌乳力差，护仔性差。公猪性欲较高，但有选择性，在杂交中一般作终端父本。

新中国成立前就曾引进该品种。

五、皮特兰猪

原产于比利时。被毛灰白色夹杂黑色斑点，偶尔有少量棕色毛。耳中等大向前倾，体宽短，腿短，后躯大。

公猪性成熟后性欲较强，母猪初情期 190 天，发情周期 18～21 天，每窝产仔 9 头左右。生长慢，体重 90 千克后基本停止生长，90 千克屠宰率 76％，瘦肉率 70％。

其优点是瘦肉率高，基本无脂肪，但应激敏感，生长慢，肉质差，难以大规模饲养。但其与杜洛克猪杂交后的二代公猪，效果较好。在四元杂交中一般采用皮杜（公）×大白（母）。

六、迪 卡 猪

迪卡猪是由美国迪卡公司推出的四系"杂优猪"（Hybrid）：

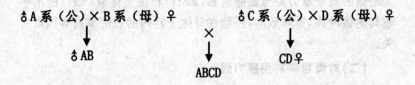

$$♂A系（公）×B系（母）♀ \qquad ♂C系（公）×D系（母）♀$$

$$♂AB \qquad × \qquad CD♀$$

$$ABCD$$

　　这种杂交配套方式是经过配合力的测定而确定的,不可随意改变。其优点是生长快,饲料利用率高,肉质好。但迪卡猪适应性差,抗病力低。同时,因猪场条件和规模限制,四个系很难保持,需经常引种,经济上不一定合算;且这种四系"杂优猪"究竟比常规品种三元杂交猪有多少优越性,还值得研究。

　　近年来北京、广东、湖北等地引进了迪卡猪。

第三节　我国优秀的地方猪种

一、我国猪种的特性

（一）高繁殖特性

　　我国不少猪品种具有高繁殖力的特性,其中当推太湖猪为首。太湖猪主要分布于长江下游,江苏、浙江和上海二省一市交界的太湖流域,又可分为若干地方类群。包括梅山猪、二花脸猪、枫泾猪、沙乌头猪、嘉兴黑猪等。太湖猪的共同特点是繁殖力高,第一胎产仔数平均12头,第二胎产仔数平均14头,第三胎以上产仔数在15～16头。与高繁殖力相关的是性成熟早,小公猪3月龄时即可采精,4～5月龄时精液品质已基本达到成年公猪水平。小母猪2.5月龄时就出现初情期,4月龄时即有正常繁殖能力。据研究,太湖猪的高繁殖力是与促卵泡素(FSH)和促黄体素(LH)的水平较其他猪种高,排卵数多,胚胎在母体子宫内的成活率高等因素有关。

(二)对青粗料利用能力强

我国农村有用青草、菜叶、米糠等喂猪的习惯,长期以来形成了多数地方猪种对青粗饲料有较高利用能力的特性。因此,我国地方猪种普遍存在头大、腹部凸出、背腰塌陷等现象。

(三)优良的肉质特性

我国地方猪种以肉质优良而驰名国内外。经过对民猪、河套大耳猪、姜曲海猪、二花脸猪、嘉兴黑猪、金华猪、大围子猪、内江猪、香猪和大花白猪等 10 个地方品种的肉质性状进行分析,并与长白猪,大约克夏猪和哈尔滨白猪(杂交育成品种)的肉质进行对比,结果是地方品种在肌肉的颜色、失水率、水分、pH 值等指标都优于国外猪种或含外血成分较高的育成品种。地方品种猪肌纤维较细,肌内脂肪含量较高,瘦肉率多在 45% 左右,肌肉嫩而多汁,大理石纹分布适中,未发现 PSE 劣质肉。

二、地方品种

(一)东北民猪

【产地与特点】 东北民猪是东北地区的一个古老的地方猪种,有大(大民猪)、中(二民猪)、小(荷包猪)种类型。目前除少数边远地区农村养有少量大型和小型民猪外,群众主要饲养中型民猪。东北民猪具有产仔多、肉质好、抗寒、耐粗饲的突出优点,受到国内外的重视。

【体型外貌】 全身被毛为黑色,冬季密生棕红色绒毛,猪鬃发达。体质强健,头中等大。面直长,耳大下垂。背腰较平、单脊,乳头 7 对以上。四肢粗壮,后躯斜窄。8 月龄,公猪平均体重 79.5 千克,平均体长 105 厘米;母猪平均体重 90.3 千克,平均体长 112 厘米。

由于产区气候寒冷,圈舍保温条件差,管理粗放,经过长期的自然选择和人工选育,民猪形成了良好的耐寒能力,在 -15℃ 条件下仍可以正常产仔和哺乳。

【肥育性能】　240 日龄体重为 98～101.2 千克,日平均增重 495 克,每增重 1 千克消耗混合精料 4.23 千克。体重 99.25 千克屠宰,屠宰率 75.6%。近年来经过选育和改进日粮结构后饲养的民猪,233 日龄体重可达 90 千克,瘦肉率为 46.13%。肉质优良,肉色鲜红,系水力强,大理石纹适中,分布均匀,肌肉脂肪含量高(背最长肌 5.22%,半膜肌 6.12%),肉味香浓。缺点是皮厚,皮重占胴体的 11.76%。

【繁殖性能】　性成熟早,繁殖力高,4 月龄左右出现初情期,发情征候明显,配种受胎率高,护仔性强,一般产后 3～4 天即有发情表现。母猪发情周期为 18～24 天,持续期 3～7 天。母猪一般在 8 月龄、体重 80 千克初配,成年母猪受胎率一般为 98%,妊娠期为 114～115 天,窝产仔数 14.7 头,窝产活仔 13.19 头,双月成活 11～12 头。

【杂交效果】　民猪是很好的杂交母本。用杜洛克公猪作父本与东北民猪杂交,其一代杂种猪 205 日龄体重达 90 千克,料肉比为 3.81:1,瘦肉率为 56.19%;用长白猪作父本与东北民猪杂交猪,饲养 127.4 天体重可达 90 千克。料肉比为 3.22:1,瘦肉率 53.47%;用汉普夏公猪作父本与东北民猪杂交,其杂种猪 179 日龄体重可达 90 千克,料肉比为 3.78:1,瘦肉率为 56.65%。

(二)太 湖 猪

太湖猪是世界上产仔数最多的猪种,享有"国宝"之誉,苏州地区是太湖猪的重点产区。依产地不同分为二花脸、梅山、枫泾、嘉兴黑和横泾等类型。

【体型外貌】 太湖猪体型中等,体质疏松,被毛稀疏,头大额宽,面部微凹,额部有皱纹。被毛黑或青灰色,四肢、鼻均为白色,腹部紫红,头大额宽,耳大皮厚,额部和后躯皱褶深密,耳大下垂,形如烤烟叶,背腰宽而微凹,胸较深,腹大下垂,臀宽而倾斜,大腿欠丰满,后躯皮肤有皱褶。乳头8~9对,最多12.5对。成年公猪平均体重150千克,成年母猪平均体重120千克。

【繁殖性能】 太湖猪特性之一是繁殖性能高。太湖猪高产性能蜚声世界,是我国乃至全世界猪种中繁殖力最强、窝产仔数最多的优良品种之一,尤以二花脸猪、梅山猪最高。初产平均12头,经产母猪平均16头以上,3胎以上每胎可产20头,优秀母猪窝产仔数达26头,最高纪录产过42头。太湖猪性成熟早,公猪4~5月龄精子的品质即达成年猪水平。母猪2月龄即出现发情,据报道,75日龄母猪即可受胎产下正常仔猪。太湖猪护仔性强,泌乳力高,起卧谨慎,能减少仔猪被压。仔猪哺育率及育成率较高。一般初产母猪窝产活仔10头以上,经产母猪产活仔14头以上,断奶育成12头以上,初生重0.7千克左右,仔猪45日龄断奶窝重在100千克左右,2月龄断奶重9千克左右。

【肥育性能】 太湖猪早熟易肥育,胴体瘦肉率38.8%~45%,肌肉pH值为6.55,肉色评分接近3分。太湖猪肉质鲜美独特。肌蛋白含量23%左右,氨基酸含量中天门冬氨酸、谷氨酸、丝氨酸、蛋氨酸及苏氨酸比其他品种高,肌间脂肪含量为1.37%左右,肌肉大理石纹评分3分占75%,2分占25%。6月龄体重为65~70千克。适宜屠宰体重为75千克左右,屠宰率为67%。成年公猪平均体重140千克,母猪110千克左右。

【杂交利用】 太湖猪遗传性能较稳定,与瘦肉型猪种结合杂交优势强。最宜作杂交母体。目前太湖猪常用作长太母本(长白公猪与太湖母猪杂交的第一代母猪)开展三元杂交。实践证明,在杂交过程中,杜长太或约长太等三元杂交组合类型保持了亲本产仔数多、瘦肉率高、生长速度快等特点。由于太湖猪具有高繁殖力,世界许多国家都引入太湖猪与本国猪种进行杂交,以提高其本国猪种的繁殖力。

(三)荣 昌 猪

荣昌猪主产于重庆荣昌和隆昌两县,在重庆荣昌县土生土长已有 400 多年的历史,后扩大到永川、泸县、泸州、合江、纳溪、大足、铜梁、江津、璧山、宜宾及重庆等 10 余县、市。据统计,产区常年有种母猪 15 万头左右。中心产区荣昌、隆昌两县,每年向外提供仔猪达 10 万头以上。

【外貌特征】　荣昌猪体型较大,体躯较长,发育匀称,背腰微凹,腹大而深,臀部稍倾斜,四肢细致、结实,鬃毛洁白、刚韧。头大小适中,面微凹,耳中等大、下垂,额面皱纹横行、有旋毛。除两眼四周或头部有大小不等的黑斑外,其余皮毛均为白色。也有少数在尾根及体躯出现黑斑、全身纯白的。

群众按毛色特征分别称为"金架眼"、"黑眼膛"、"黑头"、"两头黑","飞花"和"洋眼"等。其中"黑眼膛"和"黑头"占一半以上。

成年公猪体重 158 千克,成年母猪体重 144 千克,乳头 6～7对。

【肥育性能】　日增重 313 克,以 7～8 月龄体重 80 千克左右为宜,屠宰率为 69%,瘦肉率 42%～46%,腿臀比例 29%。荣昌猪肌肉呈鲜红色或深红色,大理石纹清晰,分布较匀,24 小时、96小时贮存损失分别为 3.5%、7.2%。股二头肌熟肉率为 67.7%。背最长肌的含水率为 70.8%,脂肪 3.2%,蛋白质 24.8%,每克干肉发热量为 5 725 千卡。

【繁殖性能】　公猪的发情期为 62～66 日龄,4 月龄已进入性成熟期,5～6 月龄时可开始配种。成年公猪的射精量为 210 毫升左右,精子密度为 0.8 亿/毫升。母猪初情期平均为 85.7(71～

113)日龄,发情周期 20.5(17～25)天,发情持续期 4.4(3～7)天。初产母猪窝产仔数 6.7±0.1 头,断奶成活数 6.4±0.1 头,窝重 60.7±0.4 千克;3 胎以上经产母猪窝产仔数为 10.2±0.1 头,断奶成活数 9.7±0.2 头,窝重 102.2±0.6 千克。

【鬃 毛】 荣昌猪的鬃毛,以洁白光泽、刚韧质优享誉国内外。鬐鬃一般长 11～15 厘米,最长达 20 厘米以上,1 头猪能产鬃 200～300 克,净毛率 90%。

【杂交利用】 1957 年荣昌猪被载入英国出版的《世界家畜品种及名种辞典》,成为国际公认的宝贵猪种资源。经全国家畜禽遗传资源管理委员会评审,荣昌猪"瘦肉率高、白色、特定遗传性状",农业部在"七五"规划中把荣昌猪列为国家级重点保护的优良地方猪种。又于 2000 年 8 月农业部确定其为全国保护的 19 个猪品种资源之一。荣昌猪以其适应性强、杂交配合力好、遗传性能稳定、瘦肉率较高、肉质优良、鬃白质好等优良特性而驰名中外。与杜洛克公猪杂交后代平均日增重 569 克,与汉普夏公猪杂交后代日平均增重 534 克,瘦肉率 56.73%。

(四)内江猪

主要产于四川省的内江市和内江县,而以内江市东兴镇一带为中心产区,据内江地区出土的东汉陶猪考证,距今已有 1 800 年,历史上曾称"东乡猪"。新中国成立以来,内江猪数量发展很快。内江猪对外界刺激反应迟钝,耐受力强,对逆境有良好的适应性。据各地引种观察,在我国炎热的南方或寒冷的北方,在沿海或海拔 4 000 米以上的高原都能正常繁殖和生长。

【体型外貌】 内江猪体型大,体质疏松。全身被毛黑色,体躯宽而深,前躯尤为发达。皮厚,头大嘴短,额面横纹深陷成沟,额部中隆起成块,耳大下垂,颈中等长,胸宽而深,背腰宽广,腹大下垂不拖地,臀宽而平,四肢坚实,成年猪体侧及后腿皮肤有深皱褶,俗称"穿套裤",成年公猪体重平均 175 千克,母猪平均 155 千克。乳头粗大、6～7 对。

【肥育性能】　内江猪可分为早熟种,饲养 12 个月体重可达
125 千克;中熟种,饲养 12 个月体重可达 150～180 千克;晚熟种,
饲养 2 年体重可达 250 千克。初生重可达 0.78 千克,2 月龄断奶
重可达 13 千克,肥育猪 7 月龄体重可达 90 千克,屠宰率 68% 左
右。胴体中肌肉和脂肪的比例分别为 32.8% 和 46.9%。

【繁殖性能】　母猪繁殖力较强,每窝产仔 10～20 头,母猪泌
乳力较强。30 日龄小公猪睾丸的曲细精管出现初级精母细胞,45
日龄时出现次级精母细胞。小公猪 54 日龄时有爬跨行为,62 日
龄时在睾丸和附睾涂片中发现成熟精子。母猪于 113(74～166)
日龄时初次发情。

【杂交利用】　内江猪有适应性强和杂交配合力好等特点,是
我国华北、东北、西北和西南等地区开展猪杂种优势利用的良好
亲本之一,以此猪为父本与其他地方猪杂交,杂种后代日增重提
高 15%～20%。以杜洛克猪等为父本,杂种后裔的胴体瘦肉率
增加,皮肤变薄,日增重也明显提高。但存在屠宰率较低,皮较
厚等缺点。

第四节　猪的生殖器官

一、公猪的生殖器官

公猪的生殖器官由睾丸、附睾和输精管、副性腺、尿生殖道和
阴茎等组成。

(一)睾　丸

睾丸是精子生成的地方。它们被包裹在阴囊内。阴囊的主要

作用是调节温度,睾丸的温度要低于正常体温。这种体温的调节是通过精索静脉神经丛来完成的,温度较低时阴囊收缩,相反则膨胀。每个睾丸小室内有长约 80 米的曲细精管,其延伸为直细精管。每克睾丸每天大约能产生 2 700 万个精子。曲细精管内有两种细胞,即上皮细胞和支持细胞,上皮细胞是产生精子的基地,支持细胞能分泌特殊的物质。在曲细精管之间有间质细胞,能分泌雄性激素。

(二)附　睾

附睾的功能是从输精小管而来的精液的通道、精子成熟和贮存、精液浓缩的地方。未成熟精子在颈部和尾部的中段有原生质滴。

(三)输精管和副性腺

1. 输精管　由附睾管尾部逐渐膨大和延伸直达尿生殖道的导管,主要功能是在射精的时候排出精液进入尿道。

2. 精囊腺　位于输精管末端附近的两侧,成对存在。是最大的雄性副性腺。

3. 前列腺　前列腺分为腺体部和扩散部,能分泌不透明的碱性液体,有特殊的气味。精子在遇到此物质后,立即由休眠状态转为活跃的运动状态。

4. 尿道球腺(考伯氏腺)　位于骨盆的尿道后部,为一球形腺体,呈管泡状,外覆被膜,间有平滑肌。这些腺体产生公猪精液中非常重要的类凝胶成分,它们在母猪的阴道中具有塞子的作用。

5. 尿道　是一个长的小管,从膀胱一直延伸到阴茎的末端,输精管和精囊腺开口于尿道,靠近其初始点,是精子和尿液的共同通道。

6. 阴茎　是公猪的交配器官。主要由海绵组织构成,在勃起时,阴茎内的海绵体充血膨胀。

总之,公猪的生殖器官的功能是为配种产生和运输精液。精液由两部分构成:精子由睾丸产生;精液由曲细精管、附睾、输精管、精囊腺、前列腺和尿道球腺分泌。实际上,精子仅占射出精液的一小部分,一般公猪每次射精量为 150～250 毫升。

二、母猪的生殖器官

母猪生殖系统的主要器官有卵巢、生殖道,包括输卵管、子宫、阴道,这些为内生殖器。外生殖器是母猪的交配器官,分别为尿生殖道前庭、阴唇、阴蒂、副性腺。

(一)卵　巢

卵巢附在卵巢系膜上,其附着缘上有卵巢门,血管、神经由此出入。初生仔猪的卵巢类似肾脏,色红,一般是左侧稍大;接近初情期时,表面出现许多小卵泡很像桑葚;初情期和性成熟以后,猪卵巢上有大小不等的卵泡、红体或黄体突出于卵巢表面,凹凸不平,像一串葡萄。

卵巢皮质部的卵泡数目很多,它主要是由卵母细胞和周围一单层卵泡细胞构成的初级卵泡,它经过次级卵泡、生长卵泡和成熟卵泡,最后排出卵子。排卵后,在原卵泡处形成黄体。

在卵泡发育过程中,围绕在卵细胞外的两层卵巢皮质基质细胞,形成卵泡膜,它可再分为血管性的内膜和纤维性的外膜。内膜可以分泌雌激素,一定量雌激素是导致母猪发情的直接因素。在排卵后形成的黄体能分泌孕酮,它是维持妊娠必需激素的一种。

(二)生　殖　道

1. 输卵管　输卵管是卵子进入子宫的通道,包在输卵管系膜内,长 10～15 厘米,有许多弯曲。管的前半部或前 1/3 段较粗,称为壶腹,是卵子受精的地方。其余部分较细称为峡部,管的前端

（卵巢端）接近卵巢，扩大呈漏斗状，叫做漏斗。漏斗边缘上有许多皱褶和突起称为伞，包在卵巢外面，可以保证从卵巢排出的卵子进入输卵管内。输卵管靠近子宫一端，与子宫角尖端相连并相通，称输卵管子宫口。输卵管的管壁从外向内由浆膜、肌肉层和黏膜构成，使整个管壁能协调收缩。黏膜上皮有纤毛柱状细胞，在输卵管的卵巢端更多。这种细胞有一种细长能颤动的纤毛伸入管腔，能向子宫摆动。

承受并运送卵子。排出的卵子被伞接受，借纤毛的活动将卵子运送到漏斗，送入壶腹。输卵管以分节蠕动及逆蠕动将卵子送到壶峡连接部。在输卵管，精子完成获能，精子与卵子结合受精，卵裂。

输卵管的分泌细胞在卵巢激素影响下，在不同的生理阶段，分泌的量有很大的变化。发情时，分泌增多，分泌物主要是黏蛋白及黏多糖，它是精子、卵子的运载工具，也是精子、卵子及早期胚胎的培养液。

2. 子宫　子宫包括子宫角、子宫体及子宫颈三部分。猪的子宫属双角子宫，子宫角形成很多弯曲，长 1～1.5 米，很似小肠，两角基部之间的纵隔不很明显，子宫体长 3～5 厘米。子宫颈是由阴道通向子宫的门户。前端与子宫体相通，为子宫内口，后端与阴道相连，其开口为子宫外口。猪的子宫颈长达 10～18 厘米，内壁上有左右两排彼此交错的半圆形突起。子宫颈后端逐渐过渡为阴道，没有明显的阴道部。

发情时，子宫借其平滑肌的有节律、强而有力的收缩作用，运送精子进入输卵管。分娩时，子宫阵缩排出胎儿。子宫内膜的分泌物和渗出物，可为精子获能提供条件，又可供给胚胎营养需要。妊娠时，子宫形成母体胎盘，与胎儿胎盘结合，成为胎儿与母体间交换营养和排泄物的器官。子宫是胎儿发育的场所。在发情季节，未孕母畜，在发情周期的一定时期，子宫角内膜分泌的前列腺素对同侧卵巢的发情周期黄体有溶解作用。子宫颈是子宫门户，在不同的生理状况下，收缩和松弛。子宫颈是经常关闭的，以防异物侵入子宫腔。发情时稍微开张，以利精子进入。妊娠时，子宫分泌黏液闭塞子宫颈管，防止感染物侵入。临近分娩时，颈管扩张，以便胎儿产出。

3. 阴道　阴道位于骨盆腔，背侧为直肠，腹侧为膀胱与尿道，呈一扁平缝隙。前接子宫，后接尿生殖前庭以尿道外口和阴瓣为界，猪阴道长度为 10～15 厘米。阴道既是交配器官，又是分娩时的产道。

防止产后出现阴道脱出体外，尤其是老龄母猪，一旦出现该现象，应及时分离出仔猪，将脱出阴道清洗后送回体内或淘汰母猪。

第五节　发　情

青年母猪性成熟后，每隔固定的时间，卵巢中重复出现卵泡成熟和排卵过程，并呈现发情行为，如不配种，这种现象将呈现周期性重复出现，从上一次发情开始到下一次发情开始，叫做一个发情周期。在发情周期内，卵泡形成并排卵、黄体形成、退化和更多的卵泡形成。如果母猪没配种或受胎，在正常情况下，间隔 18～24 天就重新发情 1 次，平均为 21 天。孕酮由黄体分泌，而卵泡则分泌雌激素。妊娠黄体在整个妊娠期不会退化而保持其功能。发情周期的控制在于促卵泡素（FSH）和促黄体素（LH）的水平，也受脑垂体和下丘脑的调控。

一、初情期

猪的初情期变化范围为 4～8 月龄，原因包括品种、公猪接触、环境差别（尤其是舍饲或户外）、营养因素等。一般公猪的初情期比母猪晚，建议母猪在经过 2 个发情周期后，在第三个发情期配种。

母猪繁殖参数见表 2-1。

表 2-1　母猪的繁殖参数

繁殖特性	平均时间	繁殖特性	平均时间
初情期	4.5～6 月龄	排卵时间	发情结束前 12 小时（母猪发情开始后 35～40 小时）
初情期体重	81～104 千克		
发情持续时间	2～3 天（青年母猪 1～2 天）	断奶后发情时间	3～7 天（平均 5 天）
发情周期	18～24 天（平均 20～21 天）	妊娠期	平均 114 天（107～121 天）

注：①初配年龄很大程度受到品种、生产方式、营养水平等因素的影响

②发情推迟超过 7 天通常是哺乳期体重过度消耗的结果

二、发情征状

生产中主要从以下两方面观察发情与否：

(一)行为表现

地方品种猪常有鸣叫、翻圈、食欲减退或停止采食、喜欢爬跨其他母猪或被母猪爬跨、频频排尿、神情呆滞等外部表现。引进品种及含有外血的杂种母猪发情表现不明显。

(二)外阴变化

主要表现为红肿和排出黏液。开始发情时外阴红肿，颜色由浅变深，发情至旺盛时期阴门排出白色浓稠呈丝状黏液。

三、配 种

(一)公猪射精

公猪的射精过程可以分为 3 个阶段:

第一阶段为射精前期。持续 5～10 分钟,由水样的液体构成,有类似珍珠粉样的颗粒但没有精子,构成射精总量的 5%～20%,射精前期的主要作用是刺激和清洗尿道和阴道。

第二阶段或称富含精子阶段,持续 2～5 分钟,主要由富含精子的淡灰白色均匀一致的液体构成,占射精总量的 30%～50%。

第三阶段为射精后期,持续 3～8 分钟,这部分的精液含非常少量的精子,并有助于在母猪的生殖道内形成凝胶状的塞子,占射精总量的 40%～60%。

(二)初配年龄

后备小母猪适宜的配种年龄,因品种类型、饲养管理水平和气候条件不同而异,但可从以下两方面进行判断:

1. 从体重和年龄判断 早熟地方品种 6 月龄左右、体重 50～60 千克时配种较适宜,晚熟大型引进品种,如长白猪、大白猪、杜洛克猪及其培育品种等,8～10 月龄、体重 100 千克左右时配种较好。如果饲养管理条件较差,虽达到配种年龄,但体重较小或体重达到配种体重,而年龄尚小,最好推迟配种时间。

2. 根据发情次数确定 无论是我国地方品种还是大型引进品种及其培育杂种,首次发情后的第三次发情时配种较好,这就要求饲养者要进行细致观察并做好记录。

(三)适时配种

适时配种是提高母猪产仔数的关键措施之一,可以从以下两方面确定适宜的配种时间。

1. 从发情征状判断 判断发情要一看二摸三压背。一看,是看猪的行为表现,如前所述;二摸,即摸阴门看分泌物状况;三压,即按压母猪腰荐部,母猪表现呆立不动、竖耳举尾。此时配种最易受胎。

2. 从发情时间判断 母猪排卵是在发情后 24～36 小时,平均为 31 小时,卵子在生殖道内保持受精能力的时间为 8～12 小时,而精子的成活时间为 25～30 小时,因此精子应在卵子排出前 2～3 小时到达受精部位,以此推算,适宜的配种时间应是母猪发情开始后的 21 小时,即在发情的第二天配种。

(四)配种次数

母猪排卵持续时间 10～15 小时,因此为了充分发挥母猪的生殖潜力,提高产仔数,降低返情率,提倡在发情期内配种 2 次,间隔时间为 8～12 小时。

四、配种方式及注意事项

(一)配种方式

猪的配种方式包括 3 种:单圈交配(自然交配),人工辅助交配,人工授精(AI)。自然交配一般只适用于小型的商品猪场,由于不能控制授精时间,往往错过最佳授精时间而导致受胎率低。人工辅助交配需对交配的公猪和母猪进行观察,可以确知配种时间、保证每头母猪受胎、对公猪的生产性能更加了解,有助于保存交配记录。人工授精是人工辅助交配的一种更加具体的形式,对猪的纯种繁育是非常重要的,可以大幅度减少公猪的饲养量。

(二)配种注意事项

选择场地要平坦不滑;配种时间选择在饲喂后 2 小时;公母猪体格、体型不能差异太大;冬季、雨天交配宜在室内进行,夏季宜在早、晚凉爽时进行;配种前用 0.1%高锰酸钾溶液清洗公、母猪外阴部;并做好配种记录。

第六节 猪的人工授精

猪的人工授精是指用人工或人工辅助器械采取公猪精液,经过实验室检查、处理和保存,再用器械将公猪精液输入发情母猪生殖道内的一种配种方法。与自然交配相比,猪的人工授精技术有以下优点:可提高良种利用率,促进品种更新和提高商品猪质量及其整齐度;解决公、母猪体格相差悬殊的配种困难,充分利用杂种优势;有利于减少疫病传播;由于饲养种公猪少,可以节省大量的饲养管理费用,特别是对我国当前猪肉短缺的市场,意义非常大。

一、公猪的调教和采精

(一)适宜调教的种公猪

对种公猪进行调教时应做到胆大心细、动作轻柔、环境安静,禁止粗暴对待种公猪,避免形成不良的条件反射。

后备公猪的调教必须达到体成熟时进行,即公猪 8～10 月龄,体重 90～120 千克时进行调教,每天 1 次,每次 15～20 分钟,成年公猪只要体质健康、体况良好都可以进行人工采精调教,正常情况下有 6%～7%的公猪调教不成功。调教成功后,应连续采精 2～3 天,以形成条件反射。不要早于 220 日龄和晚于 245 日龄开始调教,因太早或过晚调教成功率会降低,如果公猪身体状况不好,性欲会受影响不宜调教,待其恢复正常体况再进行调教。

(二)调教前准备

1. 公猪的采精调教场地　应在固定的场地进行,应紧邻精液检查室,调教场地应是采精室。最大限度地减少公猪到达和离开调教场的时间。公猪从圈到达采精室的通道应狭窄(60～90厘米),通道的门设计时应无死胡同,所有门的销钉要能容易、快速开启。场地应宽敞、平坦、安静、清洁、通风好、光线好。地面不滑有弹性,面积 9～15 米²。每次使用后对地面要清洗,去除异味。

2. 假母猪及发情母猪准备　在调教场安装假母猪,把假母猪牢牢固定在地面上,高低和斜度应是可调的,在假母猪后下方放一块 50 厘米×80 厘米橡胶防滑垫,防止公猪爬跨假母猪时打滑而影响性欲。在调教前应准备一头体型和公猪相配的发情母猪,母猪应有明显发情迹象。对性欲强的成年公猪,也可准备一些发情母猪尿,洒在假母猪台上直接调教采精。或用其他公猪精液洒在假母猪台上刺激公猪调教爬跨、采精。

3. 采精器具　采精手套、集精杯、纱布等须清洁卫生,一般戴采精手套采精易打滑,抓不住阴茎或阴茎易滑落回缩,大多数都采用徒手操作。操作员要剪短、磨光指甲,清洗、消毒手和手臂。在整个操作过程中须保持手臂干净、无污染(图 2-1)。

(三)调教与采精方法

1. 调整　调教开始前少喂料或不喂料,如已经喂过饲料则等 1～2 小时再进行。将需要调教的一头公猪带入采精室,让其适应环境几分钟,在整个过程中要温和、耐心地对待公猪,但指令要坚决,防止公猪进攻调教人员。

调教用以下任何一种方式反复 2～6 次一般可调教成功,若一种方式不行可几种方式联合使用。①在假母猪的旁边放置 1 头发情母猪,待发情母猪引起公猪性兴奋爬跨后,调教者不让阴茎进入母猪阴道,用手抓住阴茎头部,大拇指向上,手握住阴茎呈拳状有

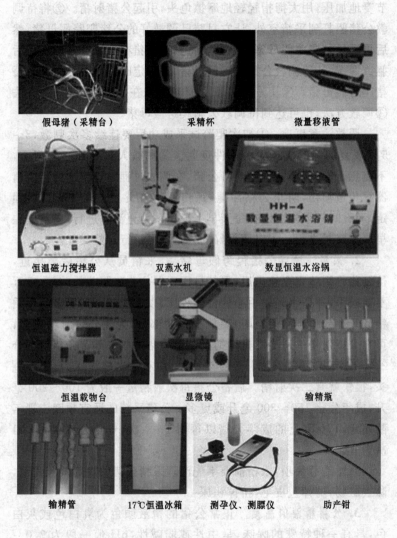

假母猪（采精台） 采精杯 微量移液管

恒温磁力搅拌器 双蒸水机 数显恒温水浴锅

恒温载物台 显微镜 输精瓶

输精管 17℃恒温冰箱 测孕仪、测膘仪 助产钳

图2-1 人工授精及测孕、助产设备

节奏地加压,用大拇指轻轻地摩擦龟头,引起公猪射精。②将待调教公猪驱赶到采精室外,让它目睹已调教好的公猪爬跨假母猪,然后再诱导其爬跨假母猪采精。③将其他公猪精液涂抹在假母猪后躯或两端,让待调教公猪接近假母猪,经一定时间则会引起调教公猪爬跨假母猪。④用发情母猪的尿液涂抹在假母猪后躯,用方法③调教方法,也可达到待调教公猪爬跨假母猪。

调教注意事项:①初次爬跨试采成功后要连续多次刺激,3～5次反复训练形成牢固的条件反射。②调教人员要细心和耐心,不能急于求成,不能粗暴对待公猪,在调教过程中要保护公猪生殖器官免遭损伤,防止公猪冲撞,踩伤调教人员。③调教人员要固定,调教时间最好固定在每天早上公猪精力充沛时进行,盛夏应在早晨凉爽时进行。④对调教好的公猪不再进行自然交配。

2. 采精 诱导公猪爬跨假母猪后,采精员从公猪后侧接近,待公猪将阴茎完全伸出后,采精员用手握住公猪阴茎的前部,千万不要松手,并适当调整手心的松紧程度,以便能够采到更多的优质精液。在公猪刚刚射精时,要放弃最初部分,为使公猪射精更多,可在公猪射精的适当时机用拇指摩擦公猪的龟头部。公猪射精分2～3次结束,第一次射精后不要松手,应有节奏施加压力,摩擦龟头,很快就有二次射精。后备公猪每次射精量一般为100～200毫升,成年公猪150～300毫升或更多。公猪采精的适宜频度应视年龄而定,1岁以上的成年公猪以每周1～2次,青年公猪以每周1次为宜。

采精注意事项:采精前要事先清理采精公猪的腹部及包皮部,除去脏物,剪掉包皮毛,挤掉积尿。

3. 公猪精液的品质 正常公猪的精液颜色为乳白色或灰白色,具有一种特殊的腥味,呈中性或弱碱性,pH值一般为7.0～7.5,公猪的射精量为200～400毫升。正常公猪的精子密度为2.0亿～3.0亿/毫升,密度越大,颜色越白,越小则越淡。在我国,精子活力一般采用 0.1～1.0 的十级评分制,即在 400 倍显微镜下观察 1 个视野内做直线运动的精子数,若有 90% 呈直线运动则其活力为 0.9,新鲜精液的精子活力以高于 0.7 为正常,低于 0.6 时,不应使用。

二、精液的稀释

稀释精液可以加大精液量,扩大母猪的配种头数,提高种公猪的利用率;还可以改善精子在体外的生活条件,补充精子需要的营养,延长精子的体外寿命,有利于长时间保存和运输。

(一)稀释液应具备的条件

稀释液必须对精子具有保护、营养的作用;渗透压与精液的相等;pH 值以微碱性或中性(7.0 左右)为宜;稀释液应含有电解质和非电解质两种成分,电解质(硫酸盐、酒石酸盐等)对精子原生质皮膜有保护作用,而非电解质葡萄糖对精子起营养作用。

(二)推荐几种较好的稀释液

1. 葡-柠液 据试验,瘦肉型种公猪用葡-柠液效果较好(在北京地区)。配方为:葡萄糖 50 克,乙二胺四乙酸二钠 1.0 克,二水柠檬酸钠 3.0 克,蒸馏水 1 000 毫升,青霉素 500 单位/毫升,链霉素 500 毫克/毫升。

2. 国外常用的稀释液配方

Kiev 液:葡萄糖 6 克,乙二胺四乙酸二钠 0.37 克,二水柠檬酸钠 0.37 克,碳酸氢钠 0.12 克,蒸馏水 100 毫升。

IVT 液:二水柠檬酸钠 2 克,无水碳酸氢钠 0.21 克,氯化钾 0.04 克,葡萄糖 0.3 克,氨苯磺胺 0.3 克,蒸馏水 100 毫升,混合后加热使之充分溶解,冷却后通入二氧化碳(CO_2)约 20 分钟,使 pH 值达 6.5。此配方欧洲应用较多。

BL-1 液:葡萄糖 2.9%,柠檬酸钠 1%,碳酸氢钠 0.2%,氯化钾 0.03%,双氢链霉素 0.01%,青霉素 1 000 单位/毫升。此配方在美国应用较广。

日本农林省推荐的稀释液:脱脂奶粉 3.0 克,葡萄糖 9 克,碳酸氢钠 0.24 克,α-氨基-对甲苯磺酰胺盐酸盐 0.2 克,灭菌蒸馏水 200 毫升。

(三)稀释倍数与稀释方法

猪的射精量比较多,精子密度比其他家畜小。因此,一般以稀释 1~2 倍为宜。密度小的也可以不稀释。稀释后,精液每毫升应含精子数 1 亿~3.76 亿,输精量 30~50 毫升。精液与稀释液混合时,两者的温度必须一致。为此,在采精前,应先将稀释液隔水浸泡在 37℃~40℃温水中。精液采回后也要将集精瓶放在同一温水中浸泡数分钟,使两者温度大致相同,方可稀释。稀释时,将精液沿瓶壁慢慢倒入预先准备好的稀释液内,轻轻摇动,使之混合均匀。

三、输　精

输精是人工授精的最后一个环节。能否将精液全部、适时、有效地输入到母猪的子宫内,是人工授精成败的关键所在。为了获得较高的受胎率,除按要求进行输精外,还必须准确地判断输精的适宜时间。

(一)输精准备与输精方法

1. 输精的准备　经过保存的精液,输精前应检查精子的活力是否符合输精的要求。对不合要求的精液,应禁止输精;精液温度低,如冬季输精,输精前应将精液放在保温杯里或温水中预热后再用;所用的输精用具,使用前应洗净、消毒;输精员应将手洗净擦干,再进行操作,母猪外阴周围应用温水或消毒布(棉花)擦净,再输精。

2. 输精量 猪的人工授精 1 次输精量为 20～25 毫升。输精量过多,不但浪费精液,而且对受胎率、产仔数也没有好处。初配母猪输精量可适当减少,因初配母猪的子宫颈和子宫体较小,输入的精液量过多会倒流出来。

3. 输精方法 输精时,将精液吸入输精枪内,让母猪站立圈内,输精员用左(右)脚踏在母猪腰背部,左手拉住尾巴,右手拿输精管,用左手的食指和拇指将母猪阴门打开,右手将输精管缓慢插入母猪阴道中。以平直方向旋转插入 20～30 厘米深时,适当将输精管退回一点,再缓慢地将精液全部注入。注射时,最好将输精管左右轻微旋转,用右手食指按摩阴蒂,增加母猪快感,刺激阴道和子宫的收缩,避免精液外流。输完精后,把输精管向前或左右轻轻转动 2 分钟,然后轻轻拉出输精管。

4. 输精次数 在目前的实际生产中,多采用一次输精,但生产应用证明,母猪在 1 个发情期进行 2 次输精(重复配种),可提高受胎率和产仔数。两次输精的方法就是在一个情期内进行第一次输精后,间隔 8～12 小时再输精 1 次。若第一次输精时期掌握不准或第一次输精时倒流严重等,进行第二次输精则尤为必要。

四、加强人工授精成功率的措施

(一)加强种公猪的饲养管理,提高精液的品质

为提高种公猪精液的数量与品质,保持旺盛的配种能力,要选择没有遗传缺陷、四肢强健、无病、性欲强的优秀公猪作为采精猪,并加强饲养管理,注重公猪的营养。如每千克日粮消化能不低于 12.54 兆焦,粗蛋白质占 15% 以上,矿物质(钙、磷、锰、锌、食

盐)对公猪的健康和精液品质具有很大影响。因此,在公猪的日粮配合上,要保证蛋白质、能量、矿物质及维生素合理搭配,以保证全价高营养的饲料。

如果公猪全年承担配种任务,应采取一贯加强的饲养方式,即常年平衡地保持较高的营养水平。如季节性配种,可采取配种季节加强饲养的方式,非配种季节逐步降低营养水平,使公猪保持中上等膘情即可。

另外,应加强种公猪的运动,以保证健壮的机体和旺盛的性欲。一般每天运动 2 次,每次 1 小时,行走 1 500 米左右。此外,还要注意公猪舍的温度,夏季要防热应激。

(二)加强对母猪体况的调节和生殖疾病的治疗,提高受配率

按照母猪日粮的标准进行膘情的调节,防止母猪过肥或过瘦。母猪配种后应及时调控喂料量,通常饲喂 1.8～2.0 千克就足够了,并保持妊娠舍安静舒适,减少人为应激以及母猪之间的相互咬斗。做好母猪预防保健工作,有生殖道疾病的母猪须先治愈后再配种,以提高受配率。

(三)做好发情鉴定及适时输精,提高母猪情期受胎率

采用性欲强的公猪来检查母猪的发情(每天早晚 2 次),及时发现发情母猪,并于出现静立反应后的 8～12 小时进行第一次输精,间隔 12 小时后再进行第二次输精。输精时应对母猪的外阴进行彻底消毒,坚持在公猪出现时进行输精或人为地骑背输精,输精时间为 5～10 分钟,输精完成后将输精管末端折叠后插入输精瓶中,然后让输精管自然脱落,以减少精液的倒流。以上措施可有效地提高母猪的受胎率和窝产仔数。

第七节　品系和品种的培育

　　生猪产业化对于育种群的规模、技术力量与先进的遗传改良技术及遗传评估系统的应用有越来越高的要求。在生产实践中，应根据对育种工作现状的分析、结合规模化猪场育种的特点和运作方式，不断运用最新的育种技术，从繁育体系、育种群结构、测定制度、评估性状等方面提出改进，进而优化繁育体系，降低核心群与繁殖群的遗传时滞；优化育种群的年龄结构，降低世代间隔，加快遗传改良；通过对测定制度、评估性状的调整使选种工作更加具有针对性。

一、品系培育

　　品系作为家畜育种工作最基本的种群单位，在加速现有品种改良，促进新品种育成和充分利用杂种优势等育种工作中具有巨大作用。品系的概念随着历史的演变而不断改变，大体可以分为5类：地方品系、单系、近交系、群系和专门化品系。猪的配套系杂交中就包括近交系杂交和专门化品系杂交。近交系指通过连续近交形成的品系，其群体的平均近交系数一般在 37.5% 以上，建立近交系的目的在于能在系间杂交时产生人们所期望的杂交效果。而专门化品系是具有某方面突出优点，并专门用于某一配套系杂交的品系，可分为专门化父系和专门化母系，我国又称之为配套系。相对而言，国外学者多年研究结果表明，配套系间杂种更便于畜牧业的集约化、工厂化生产，这是因为品系内的遗传变异度小，杂交后的商品猪一致性好，便于生猪产业化生产。

二、繁育体系建立方法

工厂化猪场生产的商品瘦肉型猪大多为多元杂交猪,这就需要建立强有力的良种繁育体系。要提高杂交效果,必须对亲本进行系统选育,即采用群体继代选育法。一个完整的宝塔式良种繁育体系是自上而下,头数由少至多,包括群体继代选育群、良种繁育群、商品猪繁育群和肥育猪群。前面两群为种猪生产线,后两群为商品猪生产线。种猪生产线即曾祖代和祖代猪群;商品猪生产线中即为父母代猪群。

现以杜长大三元杂交种为例,介绍在商品猪场中建立良种繁育体系的方法。

(一)曾祖代纯种猪群的组建方法

从各地引入纯种种猪群后,首先鉴定、建卡、清理血缘(绘制群体血缘关系图)、统一建立档案。按引进场地适当分群,并根据个体年龄、体重、发育状况、体型、结构分圈饲养,在同等条件下观察选育性状的表型值,为建立选育群体积累依据。以引进的曾祖代猪群作为选育基础群,根据选育目标和计划选种和分组轮流交配。需经4个世代以上的选育,要求培育出性能特点表现突出,表型特征和遗传性相对稳定的祖代猪群,以建立良好的繁育群。

由于选育基础群的规模较小,即每个品种只有公猪4头、母猪20头,因此纯种公、母猪的亲缘关系必须疏远,基础群的公猪最好来自不同的系(如长白猪的丹、英、美、瑞等系)或来源于不同的地方,这样才能构成遗传变幅尽量宽广的群体。

(二)曾祖代纯种群选配方法

为防止基因丢失,保纯选育曾祖代纯种猪群的具体方法是:将母猪群随机分成若干组,分组的数目与该纯种内公猪头数相等。

采用分组随机(抽签法)轮流交配的形式,这样就组成了若干个"一公数母"的家系。各世代的后代选留采用等量留种法,即各个家系都要留下数量相等、公母比例相同的后代作种用。这样,有利于保存更多的基因不被丢失。

实际生产当中,每个世代的各纯种后备母猪群数量必须留有余量,即达配种年龄的母猪须有 25 头左右,因为瘦肉型猪的配种受胎率较低,一般 85%,而且产仔数少或出现同一窝中只生一种性别的仔猪等意外情况,因此必须多留。公猪也是这样,每个世代留 4 头,配种时就要选 6 头才保险,因为有时有的公猪计划与配种母猪几头同时达到配种适期,为保证情期受胎率,就只好动用同家系的"候补"公猪。或采取人工授精,由于群体规模小,为了避免被迫近交,猪场内每个品种至少应有 4 个以上的血缘来源,特别是公猪。无论公、母猪都要求 3 代内无血缘关系。初配月龄,公猪为 3 个月、体重 120 千克;母猪为 7 个月、体重不应低于 110 千克。

(三)祖代纯种猪群的选育方法

祖代纯种猪群的选育可以和观察杂一代母猪繁育性能及一代杂种肥育性能结合起来,凡杂一代母猪繁育性能及一代杂种肥育性能较好的才留种纯繁。为此,可考虑采用正反反复选择法(RRS)。以杜大长及杜长大杂交组合选育杂交母本生产长大或大长母本为例,大长♂×长白♀和长白♂×大白♀正、反配,双方的公、母猪都根据杂交效果来选择,将杂交效果最好的同一品种种公、母猪进行纯繁,然后再选留后代,如此反复进行,以提高两个品种的特殊配合力。

(四)生长发育和肥育性能测定

各世代除病、残及生长发育严重受阻者外,要尽量多留入试。但在饲料及猪栏限制条件下,如不能全部留下,就在每窝中选留 2~3 头母猪,1 头小公猪,2 头阉公猪测定。母猪全部不阉割,公猪一般在出生 60 日龄后,每窝留 1 头优秀者外,其余阉割肥育。小母猪及肥育猪群饲栏测定,每栏 6 头,小公猪采用个体栏测定。

种猪一年产两胎,季节分娩(商品猪生产线则用流水线式生产工艺)。各世代均为夏配—秋产—春测和冬配—春产—秋测。虽然季节不同对测定成绩有一定影响,但同一世代测定 2 次更好比较。仔猪 60 日龄断奶,20 千克时进入测定栏,此时完成驱虫、去势和防疫注射。测定体重从 35 千克开始至 95 千克结束,测定项目包括:平均日增重、饲料报酬及背膘厚(采用超声波测膘仪或测膘尺活体测膘)。

同期同龄对比,力求各猪处于相同条件下测定。要求同一批供选猪出生日期尽可能接近,力争缩短每个配种季节和配种持续期,一般不超过 40 天,测定猪所用饲料种类、配合比例及营养水平各世代不变。营养水平为:30～65 千克时要求每千克饲料含消化能 12.96 兆焦、粗蛋白质 16％;65～90 千克时分别要求为 12.96 兆焦和 14％。

同一品种猪群置于同一猪舍,且由同一饲养员饲喂,每日加料 1 次,称重记录,日清月结。测定开始后,体重约 65 千克时称 1 次,同时由生长栏转入育种栏。每日记载舍温、湿度及天气情况。严格防疫,详细做好疫病防治措施记录及个体病历。

年产万头商品猪的规模,可建公猪测定栏 40 个,母猪和肥育猪测定栏各 40 个。考虑到胴体品质性能测定工作量大、耗费多,故在同胞肥育测定时一般不进行。但每一世代结束时,随机抽样或选中等个体屠宰 4～6 头,测定重点是背膘厚(6～7 肋)、平均背膘、瘦肉率和眼肌面积。如果父母代采用种猪固定栏限位饲养时,则测定栏可建成能自由活动的栏。

(五)选种方法

商品猪场工作重点是提高猪种质量和经济效益,但由于纯种基础群规模小,故必须防止近交衰退,从而避免大量淘汰,造成经济损失。因此,选种方法也有别于一般的育种的做法。为了建立商品猪生产配套体系,实现种猪良种化,故选留方法须有自己的特点。

选留方法是采用家系等数留种法,是指家系内每头种猪淘汰时,分别由该种猪的子女顶替,即"父由子继,母由女代",这种方法的好处是可使血缘来源一直保持宽大,群体有效含量大,基因库可能较丰富。对于小规模的群体,选用这种方法是合适的,以防止被迫近交。如在祖代群中发现个别母猪产仔数多,母性好,哺育率高,所产仔猪健壮、生长快,断奶窝重大,可以考虑将它转入到曾祖代群去。如出现选育停滞不前或者由于血缘过近引起衰退,可引进外血,或将外场已证明为优良的种公猪的精液采购回来,给本场优良母猪输精,进行血液更新,从其后代中选留,以保持和提高原来猪群的遗传结构。

种猪的选择一般分为以下 4 个阶段进行。

1. 断奶时选择　断奶时根据系谱(主要指父母记录),全同胞的均匀度,本身的生长发育,体质外貌等方面,按照选留计划选留(一般每窝 2~3 头小母猪,1 头小公猪)。对于断奶个体体重极低,有效乳头数低于 12 个,外形差,同窝断奶仔猪数不足 6 头,同窝出现遗传疾患的均不选留。

2. 6 月龄选择　除外貌不符合品种特征、体型有严重损征、肢蹄存在缺陷、乳头内陷,或因疾病生长严重受阻或发育滞后者先行淘汰外,其余经生长或肥育试验后依选择指数高低进行选留。

3. 头胎母猪的选择　本方案提出头胎先搞杂交,产生的长白×大白二元杂交猪经肥育试验后再择优。

4. 2 胎以上母猪的选择　有了 2 胎以上的繁殖成绩就可以做出较为可靠的结论,特别可靠的种猪已有了用于肥育或种用的后裔,又可根据后代成绩(特别是公猪的后裔更多)做出可靠的判断。此时也是决定该猪能否进入核心群或生产群的时间,但核心群和生产群中的个体也是终生制,应根据以后的生产力具体表现予以升降,做适当调整,才能保证猪群质量的不断提高。

三、杂交中的注意事项

一是不要片面追求母本胴体瘦肉率,因为胴体瘦肉率越高,繁殖率越低,二者呈负相关。一般母猪胴体瘦肉率达到58%就可以。

二是我国规模化猪场进行三元或多元杂交时,多采取杜×长大、杜×大长、皮杜×大长等。在实践中,选长大或大长作终端母本,杜洛克作终端父本(尤其是台系或新美系杜洛克最好),配种后生产的"杜长大"或"杜大长"三元杂交猪最受欢迎,其群体均匀整齐,出肉率高。

四、育种新技术

近年来研究出的对从遗传上改良畜种有明显效果的技术,如用 DNA 多态检测猪应激综合征;研究的方法和技术虽然不是最新的,但只是近年来才加以推广和应用的,如 BLUP 育种值;从单项技术来看不是什么新技术,但重新组装后起到了前所未有的效果,如联合育种计划。

(一)生物技术

1. 数量性状主效基因的检测　猪的主要经济性状多数都是可以度量的数量性状,如增重、背膘厚、瘦肉率、饲料消耗、产仔数等。现代分子生物技术的发展,使得从分子水平上研究数量性状基因座(Quantitative Trait Locus,QTL)成为可能。

2. 数量性状的标记辅助选择　在数量遗传学研究中,把要改进的某个数量性状称为目标性状,因此对决定这一性状的基因或基因组称为目标基因。中国农业大学动物科技学院和国家农业生物技术重点开放实验室,对我国太湖猪高繁殖力的遗传基础列为重点研究项目。4年来在影响产仔数的基因效应分析、影响繁殖力主效基因的筛选、参照家系的建立、数量性状基因定位和遗传标记辅助选择等方面做了许多研究,这些工作对我国猪的育种提供了分子遗传学的理论基础和新的方法。

(二)计算机技术

1. 由于微机的普及,在猪的育种中已开始用 BLUP(Best Linear unbiased Prediction,最佳线性无偏预测)方法计算育种值 近年来由于计算机技术的提高和生物技术在动物育种中的应用,使 BLUP 育种值估计方法又有所发展,如从公猪模型发展为动物模型;单性状育种值估计发展为多性状育种值估计;常规繁育体系的育种值估计发展为有胚胎移植、胚胎切割等非常规繁育体系的育种值估计。

2. 计算机图像分析应用于猪的育种 计算机图像分析系统和图文数据库的建立,使育种数据、种质资源、形态特征、生态环境等与猪育种有关的"数"和"形"联系起来。

(三)系统工程技术

1. 优化育种方案和优化繁育体系 猪的优化育种方案中,结合生物学和经济学目标考虑,生长、胴体品质、繁殖力、饲料利用率等应作为主要改进目标性状,通过对性状边际效益的计算和各目标性状经济权重的分析,可制订出遗传改进快、经济效益高的优化育种方案。

2. 联合育种 在我国,一个育种群的基础母猪一般都只有100～200头,这样的群体小,不可能有很高的选择压,所以每代选择的遗传进展不会很快。如果优秀种公猪通过人工授精,使其后代分布在不同猪场,就可以像奶牛育种那样计算 BLUP 育种值,消除场间环境效应,选优去劣。

第三章　规模化猪场的规划与建设

第一节　我国规模化猪场建设存在的主要问题

第一，猪舍设计不能做到整栋或整个单元全进全出，造成只能带猪消毒和转出后部分圈栏消毒；粪污沟整栋相通，不能做到猪舍的彻底消毒，限制了严格消毒制度的实施，从而不可避免地造成交叉感染，这是现有规模化猪场疫病难以控制的问题所在。

第二，规模化猪场建设中缺乏科学规划。没有综合考虑水、电、交通、防疫、粪污处理等条件，盲目兴建，造成投产后不能正常高效生产。

第三，不重视环境控制，造成生产效益低下。一般采取自然通风，往往不能满足夏季通风和降温的要求，另外采用纵向机械通风，在冬季造成进风端温度过低，造成舍内空气质量恶化，形成通风、保温、排湿之间的矛盾。

第四，舍内粪污处理工艺不合理，造成环境污染严重。现行的水冲粪、水泡粪式工艺，是沿用国外处理方式，造成大量水资源浪费，同时给粪污处理带来难度，造成到处大量排放，给环境污染带来严重后果，对社会造成公害，给自身带来污染。

第五，猪场设备、种猪、饲料、人员、资金等不配套。猪场定位不明确、乱引种、饲料营养不规范、设备不齐全、人员职责不清、甚至流动资金不充分，造成投产后不能正常运转等，都会为以后正常生产带来极大困难。

第二节 猪场设计的基本原则

一、规模化猪场的设计首先要考虑选址

场址选择要考虑到地势、交通、水源、电力、防疫、突发性自然灾害及周边的经济和自然条件等多个因素。遵循既要对生产有利，又要尽量减少对周围环境的影响。猪场环境应符合国家质量监督检验总局发布的《农产品安全质量无公害畜禽肉产地环境要求》的规定，符合当地政府的区域发展规划和环保要求。应建立在居民区、工厂的下风向或侧风向，且距离居民点 1 500 米以上，如果有围墙、河流、林带等屏障可考虑适当缩短距离。距离其他养殖场 500～1 000 米以上，距离屠宰场和兽医院 1 000～2 000 米以上。考虑到目前我国城镇化速度的加快，猪场场址要距离城市 30 千米以上。

二、猪场的总体布局

猪场的总体布局应结合猪场的近期和远景规划，场内的主要地形、地貌、水源、风向等自然条件，符合有利于生产、方便生活、土地利用经济、布局整齐紧凑、尽量缩短供应距离等原则。

猪场一般分为生产区、生活管理区和废弃物处理区 3 个功能区，3 个功能区在布局上必须做到既相对独立，又相互联系；生产区内脏、净道分离，各类猪舍排列有序，按照风向和地势，自下而上，按公猪舍、母猪舍、哺乳母猪、仔猪舍、肥育舍的顺序排列，肥育舍应靠近大门或在边角设立装猪台，以便于出栏。猪场各功能区

布局见图3-1。

图3-1 猪场场区规划示意图

目前,比较先进的猪场设计是采用多点式设计模式,把繁育区、仔猪保育区、肥育区分开设计,这种布局的优点是:较适合规模较大的猪场(如年出栏万头以上),可以有效地分散猪群密度,降低疫病风险;便于采取早期隔离断奶技术(SEW),提高猪的健康水平和生产水平。

三、猪舍总体规划步骤

(一)确定饲养模式

养猪的生产模式不仅要根据经济、气候、能源、交通等综合条件来确定,还要根据猪场的性质、规模、养猪技术水平来确定。例如,同样是集约化饲养,公猪与待配母猪可以同舍饲养,也可以分舍饲养;母猪可以限位饲养,也可以小群饲养;配种方式有的采取本交,有的采取人工授精。因此,各类猪群的饲养、饲喂、饮水、环境控制、清粪等方式都要按一定的饲养模式来确定。在现阶段养猪生产形势下,饲养模式一定要符合当地的条件,不能照抄照搬;对于相应配套的设施和设备,其选择的原则是:凡能够提高生产水平的设施应尽量采用,能用人工代替的设施可以暂缓使用,以降低成本。目前世界上几种典型的养猪工艺模式有定位饲养工艺、舍饲散养工艺、围栏饲养工艺、生物发酵床饲养工艺、户外饲养(图 3-2)。

定位饲养工艺 户外饲养 圈栏饲养工艺

生物发酵床饲养工艺 舍饲散养工艺
(厚垫料饲养)

图 3-2 目前世界上几种典型的养猪工艺模式

(二)确定生产节律

生产节律是指相邻两群泌乳母猪转群的时间间隔(天数)。在一定时间内对一群母猪进行人工授精或组织自然交配,使其受胎后及时组成一定规模的生产群,以保证分娩后形成确定规模的泌乳母猪群,并获得预期数量的仔猪。合理的生产节律是全进全出工艺的前提,是有计划利用猪舍和合理组织劳动管理、均衡生产商品肥育猪的基础。

生产节律一般采用 1 天、2 天、3 天、4 天、7 天或 10 天制,可根据猪场规模而定。实践表明,年产 5 万~10 万头商品肥育猪的企业多实行 1 天或 2 天制,即每天有一批母猪配种、产仔、断奶、仔猪保育和肥育猪出栏;年产 1 万~3 万头商品肥育猪的企业多实行 7 天制;规模较小的养猪场一般采用 10 天或 12 天制。一般猪场采用 7 天制生产节律的原因是:7 天制与其他生产节律相比,有以下优点：

第一，可减少待配母猪和后备母猪的头数，因为猪的发情周期是 21 天，是 7 的倍数。

第二，可将繁育的技术工作和劳动任务安排在一周 5 天内完成，避开周六和周日。由于大多数母猪在断奶后第四至第六天发情，配种工作可安排在 3 天内完成。这样，就使生产中的配种和转群工作全部在周四、周五之前完成。配种母猪不足的数量可按规定要求由后备母猪补充，

第三，有利于按周、按月和按年制定工作计划，建立有序的工作和休假制度，减少工作的混乱性和盲目性。

(三)确定工艺参数

为了准确计算各类猪群的存栏数和所需要的猪舍、栏位数、饲料用量及生产产品的数量，养猪场必须根据猪的生产力水平、设施设备条件和经营管理状况等，实事求是地确定生产工艺参数。现就几个重要的生产工艺参数加以讨论说明。

1. 繁殖周期　繁殖周期决定母猪的年产仔窝数，关系到养猪生产水平的高低，其计算公式如下：

繁殖周期＝母猪妊娠期(114 天)＋仔猪哺乳期＋母猪断奶至受胎时间

其中，仔猪哺乳期，国内的猪场一般采用 35 天，比较好的企业采用 21～28 天断奶；

母猪断奶至受胎时间包括两部分：一是断奶至发情时间 7～10 天，二是配种至受胎时间，决定于情期受胎率和分娩率的高低；

假定分娩率为 100％，将返情的母猪多养的时间平均分配给每头猪，其时间是：$21×(1-$情期受胎率$)$天。故繁殖周期＝$114+35+10+21×(1-$情期受胎率$)$即：

繁殖周期＝$159+21×(1-$情期受胎率$)$

当情期受胎率为 70％、75％、80％、85％、90％、95％、100％

时,繁殖周期为 164 天、163 天、162 天、161 天、160 天、159 天。情期受胎率每增加 5%,繁殖周期就减少 1 天。

2. 母猪年产窝数

$$母猪年产窝数 = \frac{365}{繁殖周期} \times 分娩率$$

母猪年产窝数与情期受胎率、仔猪哺乳期的关系如表 3-1 所示。

表 3-1　母猪年产窝数与情期受胎率、仔猪哺乳期的关系

情期受胎率(%)		70	75	80	85	90	95	100
母猪年产窝数(窝/年)	21 天断奶	2.29	2.31	2.32	2.34	2.36	2.37	2.39
	28 天断奶	2.19	2.21	2.22	2.24	2.25	2.27	2.28
	35 天断奶	2.10	2.11	2.13	2.14	2.15	2.17	2.18

由表 3-1 可知,情期受胎率每增加 5%,母猪年产窝数每年增加 0.01~0.02 窝;仔猪哺乳期每缩短 7 天,母猪年产窝数每年增加 0.1 窝;当仔猪哺乳期为 35 天时,母猪年产窝数很难达到每年 2.2 窝;仔猪 28 天断奶,母猪年产窝数很容易达到每年 2.2 窝;可见仔猪早期断奶、妊娠母猪的饲养等技术是提高母猪生产力水平的关键技术环节。

某万头商品猪场工艺参数见表 3-2。

表 3-2　某万头商品猪场工艺参数

项　目	参　数	项　目	参　数
妊娠期(天)	114	每头母猪年产活仔数	
哺乳期(天)	35	出生时(头)	19.4
保育期(天)	28~35	35 日龄(头)	17.5

续表 3-2

项　目	参　数	项　目	参　数
断奶至受胎(天)	7～14	36～70 日龄	16.6
繁殖周期(天)	156～163	71～170 日龄	16.3
母猪年产胎次	2.15	平均日增重(克)	
母猪窝产仔数(头)	10	出生至 35 日龄	194
窝产活仔数(头)	9	36～70 日龄	486
成活率(%)	90	71～160 日龄	722
哺乳仔猪(头)	95	公、母猪年更新率(%)	33
断奶仔猪(头)	98	母猪情期受胎率(%)	90
生长肥育猪(头)		妊娠母猪分娩率(%)	95
出生至目标体重(千克):		公母比例	1∶25
初生重	1.2～1.4	圈舍冲洗消毒时间(天)	7
35 日龄	8～8.5	生产节律(天)	7
70 日龄	25～30	母猪临产前进产房时间(天)	7
160～170 日龄	90～100	母猪配种后原圈观察时间(天)	21

(四)周工作程序

目前我国的大多数工厂化养猪场都是以周为单位进行运转,因此稳定工作程序可有效地利用时间,提高工作效率;同时也能让工人掌握每周应该从事的工作内容,这将使猪场的日常管理显得更为秩序化、制度化。

1. 猪配种妊娠舍的周工作程序

周一：①日常工作。②发情鉴定、配种。③做 30 天、50 天、90 天妊娠检查。

周二：①日常工作。②发情鉴定、配种。③将妊娠 30 天的母猪转到妊娠区（舍）。④补充后备猪。

周三：①日常工作。②发情鉴定、配种。③向产房索要并统计断奶母猪头数。④冲洗周二转出猪舍栏圈并消毒。⑤转上周配种猪到返情检查区。

周四：①日常工作。②接收断奶母猪。③发情鉴定、配种。④评价种公猪，并做下周配种计划。

周五：①日常工作。②发情鉴定、配种。③冲洗临产母猪分娩栏床。④淘汰不宜种用公、母猪。⑤完成待配母猪的调入。

周六：①日常工作。②发情鉴定、配种。③冲洗周五转出猪舍的栏圈并消毒。④按免疫程序接种疫苗。⑤制定下周工作计划。

周日：①日常工作。②填写周报。

2. 猪分娩哺乳舍的周工作程序

周一：①日常工作。②领 1 周所需的药品和用具。③准备保温箱和灯泡。④准备哺乳仔猪饲料和饲槽，要求料槽经火碱浸泡、冲洗晾干后再用。⑤特殊工作。

周二：①日常工作。②给 20 日龄（以组为单位）仔猪首免猪瘟疫苗。③特殊工作。

周三：①日常工作。②调整断奶舍环境。③统计断奶仔猪，评价断奶母猪。④特殊工作。

周四：①日常工作。②断奶母猪补耳标。③决定无价值断奶仔猪。④挑选哺乳性能好的母猪作寄母。⑤断奶。⑥冲圈消毒。⑦特殊工作。

周五：①日常工作。②检修断奶产房设备，准备产房。③猪淋浴消毒,接下组临产母猪入产房。④挂分娩卡。

周六:①日常工作。②准备接产物品。③制定下周工作计划。

周日:①日常工作。②填写周报。

3. 猪生长肥育舍的周工作程序

周一:①日常工作。②育仔转育成(称重、调群)。③冲洗保育舍并消毒。④完成本周即将出售肥猪的计划。

周二:①日常工作。②为周四断奶猪的到来做好准备。③腾空肥育舍并消毒,准备周五接育成猪,记录计划转进育成猪头数。④接种疫苗。⑤保育舍公猪去势。⑥给配种妊娠舍补充后备猪。

周三:①日常工作。②接种疫苗。③售猪。

周四:①日常工作。②接收并检查断奶仔猪,了解断奶仔猪健康状况,根据体重进行适当的调群。

周五:①把育成猪转到肥育舍。②准备周一保育仔猪的到来。③种猪初选并上耳标(肥育舍)。

周六:①日常工作。②冲洗育成舍。

周日:①日常工作。②填写周报。

四、规 模 计 算

根据猪场规模、生产工艺流程和生产条件,将生产过程划分为若干阶段,不同阶段组成不同类型的猪群,计算出每一类群猪的存栏数就形成了猪群的结构。饲养阶段划分的目的是为了最大限度地利用猪群、猪舍和设备,提高生产效率。

下面以年产万头猪规模为例,介绍一种简便的猪群结构计算方法。

(一)年产总窝数

$$年产总窝数 = \frac{计划出栏头数}{窝产仔数 \times 从出生至出栏的成活率}$$

如计划出栏 10 000 头,则

$$年产总窝数 = \frac{10000}{10 \times 0.9 \times 0.95 \times 0.98} = 1193(窝/年)$$

(二)每个节律转群头数

接上例,以周为节律计算。

周产仔窝数 = 1193÷52 = 23 窝,一年 52 周,即每周分娩泌乳母猪数 23 头。

妊娠母猪 = 23÷0.95 = 24 头,分娩率 95%。

配种母猪 = 24÷0.90 = 27 头,情期受胎率 90%。

哺乳仔猪 = 23×10×0.9 = 207 头,成活率 90%。

保育仔猪 = 207×0.95 = 196 头,成活率 95%。

生长肥育猪 = 196×0.98 = 192 头,成活率 98%。

(三)各类猪群组数

生产以周为节律,故猪群组数等于饲养的周数。

(四)猪群的结构

各猪群存栏数 = 每组猪群头数 × 猪群组数

猪群的结构见表 3-3,生产母猪数为 561 头,公猪、后备猪群的计算方法为:

公猪数:561÷25 = 22 头,公母比例 1 : 25。

后备公猪数:22÷3 = 8 头。若半年一更新,实际养 4 头即可。

后备母猪数:561÷3÷52÷0.5 = 7 头/周,留种率 50%。

表 3-3 为某万头猪场猪群结构。

表3-3 某万头猪场猪群结构

猪群种类	饲养期（周）	组数（组）	每组头数（头）	存栏数（头）	备 注
空怀配种母猪群	5	5	27	135	配种后观察21天
妊娠母猪群	12	12	24	288	
泌乳母猪群	6	6	23	138	
哺乳仔猪群	5	5	230	1150	按出生头数计算
保育仔猪群	5	5	207	1035	按转入的头数计算
生长肥育猪群	13	13	196	2548	按转入的头数计算
后备母猪群	8	8	7	56	8个月配种
公猪群	52			22	不转群
后备公猪群	12			8	9个月使用
总存栏数				5280	最大存栏头数

五、猪栏配备

现代化养猪生产能否按照工艺流程进行，关键是猪舍和栏位配置是否合理。猪舍的类型一般是根据猪场规模按猪群种类划分的，而栏位数量需要准确计算，计算栏位需要量方法如下。

如果采用空怀待配母猪和妊娠母猪小群饲养、泌乳母猪网上饲养，消毒空舍时间为7天，则万头猪场的栏位数如表3-4所示。

表 3-4　万头猪场各饲养群猪栏配置数量　（参考）

猪群种类	猪群组数（组）	每组头数（头）	每栏饲养量（头/栏）	猪栏组数（组）	每组栏位数（个）	总栏位数（个）
空怀配种母猪群	5	27	4～5	6	7	42
妊娠母猪群	12	24	2～5	13	6	78
泌乳母猪群	6	23	1	7	24	168
保育仔猪群	5	207	8～12	6	19	114
生长肥育猪群	13	196	8～12	14	18	252
公猪群(含后备)	—	—	1	—	—	27
后备母猪群	8	7	4～6	9	3	27

注：1. 各饲养群猪栏＝猪群组数＋消毒空舍时间(天)/生产节律(7天)

2. 每组栏位数＝每组猪群头数/每栏饲养量＋机动栏位数

3. 各饲养群猪栏总数＝每组栏位数×猪栏组数

六、合理布局

完成计算后就可以按照生产工艺流程,将各类猪舍在厂区内做出平面布局安排。

猪舍的规格、数量、形状力求实用、经济,在整体上兼顾整齐、美观。在实践中,生产工艺不同、采用设备不同、饲养管理水平不同、品种不同、治污方式不同,都会使猪舍规格发生变化,但一定要掌握猪的生理、生长、活动规律,遵循因地制宜的原则。

第三节　猪舍设计的基本原则

猪舍是猪生活的地方,要优先考虑猪生长发育的要求,力求做到先进、合理、经济、适用、易于维护,并能适应不同猪群特定的需要。因此,其设计和建筑必须遵循以下基本原则。

一、符合猪的生物学特性要求

猪舍温度能保持在 $10℃\sim25℃$,空气相对湿度保持在 $45\%\sim75\%$,保持舍内空气清新,光照充足。

二、适应当地的气候及地理条件

我国地域辽阔,气候条件复杂多变。因此,在设计和建设猪舍时必须考虑当地的气候条件,如长江以南地区气温较高,猪舍设计中应将防暑降温作为重点;长江以北地区,高燥、寒冷,猪舍设计中应将防寒保暖和冬季通风换气作为重点。

三、便于实行科学的饲养管理

在建设猪舍时,必须充分考虑规模化猪场工艺流程,在满足各类专业猪舍的特定要求基础上,整体布局趋于合理,严格区分生产区和管理区,生产区做到脏、净道分离,利于日常操作和实现机械化作业。

四、便于采取封闭式饲养

规模化养猪场机械化程度较高,设备先进,配有自动喂料系统、湿帘-通风降温系统、自动保温系统、机械化清粪系统等,因此在猪舍设计上必须采用封闭式建筑。

第四节 猪舍的内部设置

一、基本设施

猪舍的基本结构包括基础、地面、墙、门窗、屋顶等,这些统称为猪舍的外围护结构。猪舍的小气候状况很大程度上取决于猪舍的外围护结构的性能。

(一)基 础

猪舍基础的主要作用是承载猪舍的自身重量、屋顶积雪重量和墙、屋顶承受的风力。基础的埋置深度,根据猪舍的总载荷、地基承载力、地下水位及气候条件等确定。基础受潮会引起墙壁及舍内潮湿,应注意基础的防潮防水。为防止地下水通过毛细管作用浸湿墙体,在基础墙的顶部应设防潮层。

(二)地 面

猪舍的地面是猪仔活动、采食、躺卧和排粪尿的地方。地面对猪舍的保温性能及猪只的生产有很大影响。猪舍地面要求保温、坚实、不透水、平整、不滑、便于猪只活动和饲养管理人员进行清扫和清洗消毒。地面一般应保持2%~3%的坡度,以利于保持地面干燥。目前猪舍多采用水泥地面和漏缝地板,为克服水泥地面传热快的缺点,可在地表下层用孔隙较大的材料(如炉灰渣、膨胀珍珠岩、空心砖等)增强地面的保温性能。

(三)墙 壁

猪舍的墙壁要求坚固耐用,承重墙的承载力和稳定性必须满足结构设计要求。墙内表面要便于清洁消毒,地面以上1.2~1.5

米高的墙面应制成水泥墙裙,以防冲洗消毒时溅湿墙面和防止猪弄脏、损坏墙面。同时,墙壁应具有良好的保温隔热性能,根据不同地区、不同地理环境的要求,墙壁使用不同的材料,一般墙体为黏土砖墙,砖墙的毛细管作用较强,吸水力也强,可以保温和防潮,为提高舍内光照度和便于消毒等,砖墙内表面宜用白灰水泥砂浆粉刷;有的地区使用波纹板或幕布当墙壁。墙体的厚度应根据当地的气候条件和所选墙体材料的特性来确定,既要满足墙的保温要求,又要尽量降低成本和投资,避免造成浪费。

(四)门、窗

猪舍门是供人和猪出入的地方,供人、猪、手推车出入的外门一般高 2～2.4 米、宽 1.2～1.5 米,门外设坡道,便于猪只和手推车出入,外门的设置应避开冬季主导风向。窗户面积大,采光多、换气也好,但冬季散热和夏季向舍内传热也较多,不宜于冬季保温和夏季防暑。因此,窗户面积的大小、数量、形状、位置应根据当地气候条件合理设计。

(五)屋 顶

猪舍的屋顶起遮挡风雨和保温隔热的作用,屋顶要求坚固,有一定的承重能力,不漏水、不透风,且必须具有良好的保温隔热性能。猪舍加设吊顶可明显地提高保温隔热性能,但也相应增大了投资,应根据业主经济能力和当地自然地理条件等具体情况选用不同类型的屋顶。

二、不同猪舍的要求

不同性别、不同饲养目标和生理阶段的猪只对环境及设备的要求不同,设计猪舍内部结构时应根据猪只的生理特点和生物学习性,合理布置猪栏、走道,合理组织饲料、粪便运送路线,选用适宜的生产工艺和饲养管理方式,坚持以猪为本、尽量体现动物福利,充分发挥猪只的生产潜力,同时提高饲养管理工作者的劳动效率。

(一)猪 舍

传统的公猪舍多采用带运动场的单列式建筑,近年来广泛采用双列式建筑模式,许多猪场还把空怀待配猪舍合在一起使用。给公猪设运动场,保证其充足的运动,可防止公猪过肥,对其健康和提高精液品质、延长公猪使用年限均有好处。公猪栏面积一般为 $7\sim9$ 米^2(不含运动场),隔栏高度为 $1.2\sim1.4$ 米,猪栏可用热浸镀锌管建造,也可用砖、沙、水泥建造。种公猪均为单圈饲养,配种栏可专门设置,也可利用公猪栏和母猪栏替代。

(二)空怀母猪舍、妊娠母猪舍

空怀母猪舍、妊娠母猪舍可为单列式(可设运动场)、双列式(可设运动场,也可不设运动场)和多列式等几种。猪栏一般采用砖、沙、水泥建造,也可用热浸镀锌管建造。空怀母猪、妊娠母猪可群养($4\sim6$ 头),也可单养。采用单养(隔栏限位饲养)易进行发情鉴定,便于配种,利于妊娠母猪的保胎和定量饲喂,缺点是母猪运动量小,母猪受胎率有降低的倾向,肢蹄病增多,影响母猪的使用年限。空怀母猪可隔栏单养也可与公猪饲养在一起。群养妊娠母猪,饲喂时亦可采用隔栏定位采食,采食时猪只进入小隔栏,平时则在大栏内自由活动,妊娠期间有一定活动量,可减少母猪肢蹄病和难产、延长母猪使用年限,猪栏占地小。

(三)哺乳母猪舍

哺乳母猪舍通常为三走道双列式(含小群单元式猪舍),哺乳母猪舍是供母猪分娩、哺乳仔猪用,其设计要满足母猪需要,同时兼顾仔猪的要求。分娩母猪的适宜温度为 $16\,℃\sim18\,℃$,初生仔猪的适宜温度为 $29\,℃\sim32\,℃$,气温低时常通过挤靠母猪或相互扎堆来取暖,常出现被母猪踩死、压死的现象。根据这一特点,哺乳母猪舍的分娩栏应设母猪限位区和仔猪活动栏两部分。中间为母猪限位区,两侧为仔猪活动栏,仔猪活动栏内一般须设仔猪保温箱和仔猪补料槽,保温箱采用加热地板、红外线灯或热风器等给仔猪局部供暖。

(四)仔猪保育舍

仔猪断奶后,随即转入仔猪保育舍。断奶仔猪身体各项功能发育不完全,体温调节能力差,怕冷,机体抵抗力、免疫力差,易感染疾病。因此,对仔猪保育舍的要求是能给仔猪提供温暖、清洁的环境,在冬季一般应配备供暖设备,保证仔猪生活的环境温度较为适宜。

(五)肥育猪舍

肥育猪舍多采用单走道双列式猪舍,也可采用多列式猪舍。猪栏一般采用砖、沙、水泥建造,也可用热浸镀锌管建造。为减少猪群周转次数,往往把育成和肥育两个阶段合并成一个阶段饲养,肥育猪多采用地面群养,每圈10~20头。

第五节 猪舍环境控制

在一切气候因素中,温度对猪的影响最大。正常情况下,成年猪保持38.5℃~39.5℃的恒定体温,仔猪的体温可高达40℃。猪能借其热调节功能以维持体温恒定,特别是低温。猪在气温高于体温5℃时便不能长时间存活,而在气温低于体温20℃~60℃时却能长期生存。可见致死高体温仅高于正常体温数摄氏度即达危险点,而致死低体温可低于正常体温20℃以上。

一、温 度

(一)高温的影响

猪的体温伴随环境温度的升高而上升,其上升速度与体重有关,体重较大的猪上升较快。据体重 65～70 千克猪的致死性热应激试验,气温 27℃开始,按每小时升高 5℃,当直肠温度升至 43℃左右时,猪全部死亡。母猪在临产前不安,表现做窝行为,腹部紧张,分娩时要推出胎儿,这些都增加能量消耗,如果过多的产热不能散发,可使体温升高和发生热射病,在高温环境中分娩更加剧这种作用。对经产母猪和初产母猪的观察,自妊娠第 109 天到分娩后 5 天,分别处于 20.5℃和 29.8℃两种温度中,受热母猪在产前、产后的直肠温度和呼吸率都较高。热气候下的猪,在处于低临界值时,猪的总代谢性热量产生是处于最低限度。如果温度继续上升,猪将通过出汗或喘气散失其大部分热量,但两者的效果都不好。

高环境温度倾向于抑制生育力,使青年母猪的性成熟延迟;泌乳的母猪需要一个高的采食量以维持良好的乳汁分泌,但是随着温度的增高,它们将不可能保持高水平的食欲;公猪的性欲降低,而且精液的精子浓度降低,从而导致较低的受胎率;肥育猪食欲降低,导致较低的日增重;温度太高时其他常见现象是圈底脏乱,以及猪试图减轻其不适的喘气。

(二)低温的影响

低温情况下,猪肯定要调整其身体姿势,为了减少热量损失,一群猪往往要相互挤作一团。对身体状况较差或营养水平较低的猪,临界温度将要稍高一些。仔猪皮下脂肪较少,需要的低临界温度要高一些,随着仔猪生长,其皮下脂肪增加,低临界温度要降低。太低温度下,幼小仔猪死于寒战,更可能被挤压,这是为了维持其正常体温,才与母猪紧紧地挤在一起。

二、湿　度

一般在 50％～85％的相对湿度下,猪状态良好,在高温、高湿条件下,只产生很少的蒸发性降温。低温、高湿条件下,寒战的效果将增加。相对湿度对猪生长、肥育的影响要在高温和低温时表现。在适宜温度中,相对湿度 45％、70％和 95％对体重 30～100 千克猪的增重和饲料利用率的影响都不明显。但相对湿度自 45％提高到 95％,增重率有下降 6％～8％的趋势。在最适温度以上,湿度显著影响生长率,如气温超过最适温度 11℃,空气相对湿度 80％的增重和饲料利用率均较 50％为低。早期断奶小猪在 6～10 月份炎热季节,由于高湿使生产性能下降。从卫生学角度看,相对湿度必须较低(40％～60％,)但在低湿时,空气中的带菌灰尘较多,使呼吸道疾病发病率升高。

三、热　量

猪的身体通过辐射、对流、传导及蒸发散失热量。在较冷的气候下,蒸发散失的热量最少,而非蒸发性热量损失(感觉性的热量损失)随温度降低而增加;在较热的环境下,环境温度接近体温,感觉性的热量损失减少,而蒸发性热量损失必须增加以维持恒定的体温。生猪要在一定环境中生存,其获得的能量必须等于损失的能量。

作为骨骼肌和内脏肌活动,食物消化和吸收以及身体组织分解的结果,猪体内便不断地并不可避免地产生热量。猪的能量摄入很大程度上取决于其食欲。这些能量将被用于维持其生理状态(温度调节、组织修复和维持)和生长(胎儿发育、哺乳和组织生长）。如果猪舍内环境控制得好，使猪的代谢性热量产生最少，那么饲养过程的经济利润（最大产量）将是最有效益的。如图 3-3 表示环境温度与猪体热调节的关系。

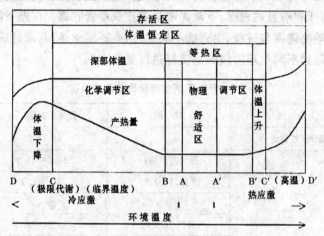

图 3-3 环境温度与猪体热调节

B～B′为物理调节区 B～C 为化学调节区 C～C′为体温恒定区
A～A′为舒适区
B 为临界温度 C′为过高温度 C 为极限代谢 D～C 为体温下降
区 C′～D′体温上升区

等热区：恒温动物借物理的热调节作用维持体温，正常的外界温度范围实际上在体温开始上升之前，由于受热应激，如加强呼吸活动、出汗等，代谢率已稍微提高。临界温度和过高温度之间的环境温度范围可致猪的代谢率提高。

低临界温度：当气温下降，散热增加，必须提高代谢率，增加体内热的产生以维持体温，这就要开始提高代谢率，进入化学调节的温度。

高临界温度：当气温升高，机体散热受阻，物理调节不能维持热平衡，体内蓄热，体温升高，代谢率亦因而提高，过高温即引起代谢率提高的外界温度。

舒适区：在该环境温度范围内生猪的产热几乎等于散热，不必过分应用物理调节而能维持体温恒定，即上限尚未达到增加呼吸率、出汗和喘息的程度，下限尚未达到皮肤血管收缩。皮温下降和竖毛等物理调节过程，生猪既不感觉冷，亦不感觉热，非常舒适。

母猪不同生理阶段的温度舒适区见表 3-5。

表 3-5　母猪不同生理阶段的舒适温区

区　域	时　段	舒适区温度(℃)
配种/妊娠舍内		16.7～20
产房内	母猪进产房时	15.6～28.9
	产仔时(分娩)	25～28.9
	(仔猪区)	30～35
	分娩 10 天时	23.9～28.9
	17 天时	22.2～27.8
	至断奶	20～23.3
育仔舍	开　始	25～28.3
	第二周	23.9～27.2
	第三周	22.8～26.1
	第四周	21.1～24.4
	第五周	19.4～22.8
育成舍	开　始	22.8～25.6
	第二周	21.1～24.4
	第三周	19.4～22.8
	第四周	17.8～20.6
肥猪舍		16.7～20

对于现代化的养猪场，猪舍内的气温控制，力求使猪处于一个

舒适区,以便能发挥更大的生产性能,获得最大的经济效益。

在舒适区外的环境中,如果没有额外的热量产生,生猪用几种可能的方式来维持体温,即:①组织绝缘(产热组织与皮肤表面之间热流动的阻力,决定于皮下脂肪组织的厚度和外围血管舒缩、血液流动情况)。②毛发(毛层中隐藏的静止空气的隔热值很高)。③改变身体姿势及利用"群体温暖"。④通过水蒸发来调节。⑤由于滚动通过皮肤蒸发。

第六节 规模化猪场常用设备

一、猪床与猪栏

(一)诺廷根暖床养猪系统

诺廷根暖床养猪系统(Nürtinger system)就是德国专家 Bugl 先生和 Schwarting 教授在长期观察猪的行为基础上发明的暖床养猪新工艺。它是根据猪的行为习性、环境生理要求发明的猪用暖床及配套的工程技术设施形成的养猪生产体系,这个生产体系的核心设备是猪用暖床,即一种前面设有 PVC 塑料的温控保温箱。暖床可用于集约化饲养、半集约化饲养和散放饲养。

诺廷根暖床养猪系统的特点:①解决了大猪怕热、小猪怕冷的矛盾,同时满足了猪体各部位的不同温度需要,呼吸的是新鲜空气,躯体却保持温暖。②满足猪的生理及行为习性的要求,为猪提供采食、磨牙、玩耍、蹭痒、咬嚼、淋浴、排泄等行为的场所,有利于生产管理,提高生产效率。③符合猪的生态、生理和行为学需要,对猪的限制较少,猪在接近自然条件下生长,被猪所认可。

养猪生产实践表明,诺廷根暖床养猪工艺具有以下优点:

①猪食欲旺盛,采食量增加,增重加快。②床内温度高,减少维持需要,提高饲料利用率。③死淘率减少 50%,采食量增加 10%,日增重提高 10%以上。④缩短饲养期,经济效益高。所以,这种生产模式在欧洲及世界各地都有应用。

(二)猪 栏

1. 公猪栏和配种栏 公猪栏、配种栏可由砖、沙、水泥建造,也可用热浸镀锌管、钢条制造。公猪栏栏长 3 500～3 700 毫米,栏宽 2 600 毫米,栏高 1 400 毫米。配种栏高 1 000 毫米,栏厚 120 毫米,门宽 600 毫米。地面坡度为 3%,由四面向排污口倾斜。

2. 空怀母猪栏 空怀母猪栏可由砖、沙、水泥建造,也可用热浸镀锌管、钢条制造。母猪栏长 3 500～3 700 毫米,栏宽 2 400～2 600 毫米,栏高 1 000 毫米,栏厚 120 毫米,门宽 600 毫米,地面坡度为 3%,由四面向排污口倾斜。

3. 妊娠母猪栏 妊娠母猪栏可由砖、沙、水泥建造,也可用热浸镀锌管制造。用砖、沙、水泥建造规格为栏长 3 500～3 700 毫米,栏宽 2 400～2 600 毫米,栏高 1 000 毫米,栏厚 120 毫米,门宽 600 毫米,地面坡度为 3%,由四面向排污口倾斜,条件允许的还可加设运动场。也可用热浸镀锌管制造规格为栏长 2 200 毫米,栏宽 650～700 毫米,栏高 1 000～1 100 毫米。

1、2、3 见图 3-4。

4. 分娩母猪栏 分娩母猪栏可由砖、沙、水泥建造,也可用热浸镀锌管、钢条制造。用砖、沙、水泥建造规格为栏长 3 500～3 700 毫米,栏宽 2 400～2 600 毫米,栏高 1 000 毫米,栏厚 120 毫米,门宽 600 毫米,地面坡度为 3%,由四面向排污口倾斜,内设仔猪保育区。用热浸镀锌管制造为栏长 2 200 毫米,栏宽 1 800～2 000 毫米。母猪限位栏的宽度为 650～700 毫米,栏高 1 000～1 100 毫米,仔猪活动区围栏高度为 600～700 毫米。

5. 仔猪保育栏 仔猪保育栏可由砖、沙、水泥建造,也可用热

种公猪栏

配种栏

普通砖砌空怀母猪栏

热浸镀锌管空怀母猪栏

单体限位妊娠栏

普通砖砌带运动场式妊娠栏

图3-4　猪栏(1、2、3)

浸镀锌管、钢条制造。用砖、沙、水泥建造规格为栏长3 500～3 700毫米,栏宽1 600～1 800毫米,栏高650～750毫米,栏厚60毫米,门宽500毫米,地面坡度为3‰,由四面向排污口倾斜。用热浸镀锌管制造规格为栏长2 200毫米,栏宽1 600～1 800毫米,栏高650～750毫米。

6.后备猪栏、育成猪栏和肥育猪栏　后备猪栏、育成猪栏和肥育猪栏均可采用大小猪栏。可由砖、沙、水泥建造,也可用热浸镀锌管、钢条制造。用砖、沙、水泥建造规格为栏长 3 500～3 700 毫米,栏宽 2 400～3 000 毫米,栏高 1 000 毫米,栏厚 120 毫米,门宽 600 毫米,地面坡度为 3％,由四面向排污口倾斜。用热浸镀锌管制造规格同水泥栏。

4、5、6 见图 3-5。

分娩母猪栏

仔猪保育栏

后备猪栏、育成猪栏和肥育猪栏

图 3-5 猪栏(4、5、6)

二、其他设备

(一)供水饮水设备

规模化猪场不但需要大量的饮用水,而且各个生产环节还需要大量的清洁用水,这些都需要供水饮水设备来保障,是规模化猪场不可缺少的设备(图 3-6)。

水井、水塔 　　　　　　　　水管和自动饮水

图 3-6　供水、饮水设备

1. 供水设备　猪场供水设备包括水的提取、贮存、调节和输送分配等部分,即水井提取、水塔贮存和输送管道等。供水可分为自流式供水和压力供水。规模化猪场的供水一般都是压力供水。其供水系统主要包括供水管路、过滤器、减压阀和自动饮水器等。

2. 饮水设备　猪只能随时饮用足够的清洁水,是保证猪只正常生理和生长发育、最大限度地发挥生长潜力和提高劳动生产率不可缺少的条件之一。大型猪场须新建水井、水塔,形成独立的供水系统;既有利于防疫,也免受外界影响。猪场饮水设备包括饮水槽和自动饮水器两类,目前所有的猪场均采用了自动饮水器。猪的自动饮水器种类很多,有鸭嘴式、乳头式、杯式、连通式等,规模化猪场应用最为普遍的是鸭嘴式自动饮水器。该饮水器一般有大型和小型两种规格,乳猪和保育仔猪用小型的,中猪和大猪用大型的。

(二)饲料的加工、供给和饲喂设备

1. 饲料加工设备 规模化猪场均采用饲料加工成套设备,可分别加工添加剂预混料、全价饲料(粉料、颗粒料),厂家和型号较多,时产 1～20 吨不等,可根据猪场具体情况选用。

2. 饲料供给设备 规模化猪场饲料供给的最好办法是采用机械化供料设备供料,即将饲料厂加工好的全价饲料直接用专用车运输到猪场,输入饲料塔中,然后用螺旋输送机将饲料输入猪舍内的自动落料食槽内进行饲喂。但这种机械化供料设备投资大,对电的依赖性强,目前国内只有少数猪场使用。多数猪场还是采用将饲料装入塑料袋,用汽车运送到猪场,卸入成品饲料库,再用手推饲料车运到猪舍内,加入食槽内饲喂。尽管人工运送饲喂劳动强度大,劳动生产率低,饲料装卸、运送损失大,易受污染,但机动性好,设备简单、投资少、故障少、不需要电力,任何地方都可采用。

3. 饲喂设备 猪场饲喂设备就是饲料槽(饲槽)。在养猪生产中,无论采用机械化送料饲喂还是人工饲喂,都要选配好食槽和自动饲槽。对于公猪、母猪一般都采用金属饲槽或混凝土地面饲槽,对于不限量饲喂的保育仔猪、生长猪、肥育猪多采用金属自动饲槽,这种饲槽能保证饲料清洁卫生,减少饲料浪费,满足猪只的自由采食。

饲料加工设备及饲喂设备见图 3-7。

全价饲料加工机组

配合饲料加工机组

饲料塔和饲料输送设备

母猪食槽（铸铁）

圆桶料槽

干湿料槽（聚乙烯）

仔猪补料槽（不锈钢）

石头食槽

双面铸铁底保育食槽

饲料铲

图 3-7 饲料的加工、供给和饲喂设备

(三)供热保暖设备

规模化猪舍的供暖方式分集中供暖和局部供暖两种。目前，规模化猪场的供热保暖设备大多是针对小猪的，主要用于分娩舍和保育舍，为了满足母猪(17℃～22℃)和仔猪(30℃～32℃)不同的温度要求，常对全舍采用集中供暖，维持分娩、哺乳猪舍舍温18℃，而在仔猪栏(仔猪保育区)内设置可以调节的局部供暖设施，保持局部温度达到30℃～32℃。猪舍的集中供暖主要采用热水、蒸汽、热空气及电能等形式，我国北方猪场多采用热水供暖系统(包括热水锅炉、供水管路、散热器、回水管路及水泵等)和热风机供暖。猪舍的局部供暖常采用电热地板、热水加热地板、红外电热灯及 PTC 元件加层内热风循环式保温箱和 PTC 元件箱底供热式保温箱，后两种为目前最好的局部供热保暖设备，其节电、保健效果较好。

猪舍供暖保温设备见图 3-8。

玻璃钢电加热板   仔猪保温箱

远红外加热灯   猪舍集中供暖强力热风炉

图 3-8　供暖保湿设备

(四)通风降温设备

为了排除猪舍内有害气体,降低舍内温度和局部调节温度,需要通风换气。通风换气有机械通风和自然通风两种。采用何种通风方式,可根据具体情况而定,猪舍面积小、跨度不大、门窗较多的猪场,为节约能源,可采用自然通风;如果猪舍空间大、跨度大、猪的饲养密度大,特别是采用水冲粪或水泡粪的全漏缝地板养猪场,一定要采用机械强制通风。

猪舍降温常采用水蒸发式冷风机,它是利用水蒸发吸热原理以达到降低温度的目的。因此,这种冷风机在干燥的空气条件下使用,降温效果好;如果环境空气湿度较高时,降温效果稍差。有的猪场采用舍内喷雾降温、滴水降温、水帘降温。采用何种降温方式,要根据本地、本场具体情况而定。

猪舍通风降温设备见图3-9。

墙式湿帘   轴流风机

图3-9 通风降温设备

(五)清洁消毒设备

规模化养猪场,由于采取高密度限位饲养工艺,必须有完善严格的卫生防疫制度,对进场的人员、车辆、种猪和猪舍内环境都要进行严格的清洁消毒,才能保证养猪场高效率安全生产。

1. 人员、车辆清洁消毒设施 原则上凡是进入猪场的人员都必须经过温水淋浴彻底冲洗,更换场内工作服。工作服应在场内清洗消毒,更衣室要设置更衣柜、热水器、淋浴间、洗衣机、紫外线灯等。

规模化猪场原则上应做到场内车辆不出场,场外车辆不进场。因此,装猪台、饲料或原料仓、干粪发酵处理间等须设置在围墙边。有些车辆必须进场的,在猪场大门口设置车辆冲洗消毒池,车身冲洗喷淋机等设备。

2. 环境清洁消毒设备 国内外常用的环境清洁消毒设备有地面冲洗喷雾消毒机、普通喷雾消毒器和火焰消毒器等。各类猪场可根据具体情况选用。

猪场清洁消毒设备见图 3-10。

移动高压清洗机　　　　　火焰消毒器　　　　　喷雾消毒机

图 3-10　猪舍清洁消毒设备

(六)粪便处理系统及设备

1. 排污沟 在猪舍外围建排粪和排污水沟道,沟宽 30～40厘米,沟底呈半圆形,向沼气池方向呈 2%～3% 的坡度倾斜。

2. 粪尿、污水净化池 猪场粪尿、污水的净化须经过厌氧和氧化两个阶段进行,因此无公害养猪场须分设厌氧池和氧化池,总容积依饲养猪头数而定,设计施工详见户用农村能源生态工程设计施工与使用规范的相关内容。规模化养猪场,每天产生的粪尿量大,必须进行有效的贮存和处理,建设好粪便处理系统(排污沟、厌氧化粪池、氧化池）和购置必要设备，否则就会污染附近的土壤和水源，影响人、畜健康，阻碍养猪生产的发展。

3. 粪尿处理设备 规模化猪场的粪尿处理设备通常有刮粪式清粪机、粪尿固液分离机和干粪烘干制粒机。应根据本地、本场具体情况选用。

猪场粪便处理设备见图3-11。

猪场粪尿污水处理设施、设备

综合处理设备

图3-11 粪便处理设备

（七）检测仪器及用具

规模化猪场常用的检测仪器及用具主要有母猪妊娠诊断器、活体超声波测膘仪、剪耳钳（缺号钳和打孔钳）、耳牌号和耳号钳、赶猪鞭、抓猪器以及常规诊疗仪器设备等（图3-12）。

母猪妊娠诊断器（影像）

耳号钳（左）、剪耳钳（右）

图3-12 检测仪器及用具

(八)运输器具

规模化猪场的运输器具主要有仔猪转运车、运猪车、散装料车、投料手推车和粪便运输车等(图 3-13)。

运猪车　　　　　　饲料手推车　　　　　　清粪手推车

图 3-13　运输工具

第四章 规模化猪场营养调控技术

第一节 猪的消化系统

消化系统包括消化管和消化腺两部分。消化管包括口腔、咽、食管、胃、小肠、大肠和肛门;消化腺包括唾液腺、肝、胰和消化管壁上的小腺体。

口腔由唇、牙齿、舌等构成。口腔附近还有唾液腺,并有腺体、导管开口于口腔中。口腔具有咀嚼、味觉等功能,是消化管的起始部,也是机械消化的主要场所。猪的上唇和鼻端形成坚韧的吻突,是掘取食物的工具。下唇较尖,且较上唇稍短。舌窄而长,靠下唇和舌的活动将食物送进口内。成年猪有 44 颗牙齿,既能撕碎肉食,又可以磨碎植物茎叶等。猪的唾液腺有 3 对,即腮腺、颌下腺和舌下腺。每对腺体均开口于口腔黏膜上。这 3 对唾液腺分泌的混合物,即为唾液。

猪的食管大部分为横纹肌,食管下段近胃处才转为平滑肌。

猪胃是单室胃,呈弯曲的椭圆形,横位于腹腔的前半部。胃与食管相连接的口叫做贲门,与十二指肠相连接的口叫做幽门。贲门和幽门都有括约肌。猪胃黏膜上分布有许多腺体,可分为贲门腺区、胃底腺区、幽门腺区和无腺区。各腺区腺细胞分泌物的混合液,称为胃液。整个胃黏膜表面还分布有黏液细胞,分泌碱性黏液,形成保护膜,防止胃黏膜受胃液中盐酸的侵蚀。

小肠的肠管细长,从前到后的顺序是:十二指肠、空肠和回肠。

成年猪小肠全长 17～21 米,各部分之间没有明显的界线。十二指肠中有胰管和胆管的开口,胰液及胆汁经开口处流入十二指肠,参与小肠内的消化过程。

肝是猪体内最大的腺体,能制造并分泌胆汁,分泌出的胆汁贮于胆囊中,消化时再由胆囊排出,经胆管进入小肠。胰也是很重要的腺体,其中有许多腺细胞属于消化腺,所分泌的碱性分泌液叫胰液。胰液经胰导管排入小肠。

大肠包括盲肠、结肠和直肠,前接回肠,后连肛门。盲肠位于左腹部,与结肠没有明显的界线。结肠呈螺旋状盘曲,绕行 6 周(向心 3 周,离心 3 周)后移行为直肠,成年猪大肠全长 5.4～7.5 米。

第二节　猪的营养需要

一、仔猪的营养需要

从出生到断奶(4～5 周)为哺乳期,此阶段仔猪营养主要来自于母乳,每头哺乳仔猪每日吃 700～1 000 毫升乳汁,含干物质 140～200 克,能满足仔猪 3 周龄内的需要。母猪泌乳量与仔猪日增重成剪刀差,交叉点在 3 周龄左右,所以仔猪 3 周龄以后除母乳外,还需采食饲料补充营养。仔猪对饲料采食量大致为:2～3 周龄日采食量 4 克,3～4 周龄日采食 14 克,分别占采食总干物质的 2%～7%。据测定,仔猪从出生到 5 周龄,每头采食量不超过 500克。养好泌乳母猪提高其泌乳量,是提高哺乳仔猪日增重和成活率的关键。

断奶仔猪的能量浓度世界各国均在 13.79～14.63 兆焦/千

克,试验证实 12.54 兆焦/千克偏低。日粮粗蛋白质在体重 5～10 千克阶段为 22%～20%,10～20 千克阶段为 19%～18%。必需氨基酸的配比要合理,赖氨酸应占饲粮 1.25%,蛋氨酸＋胱氨酸为赖氨酸的 55%,苏氨酸为赖氨酸的 60%。仔猪生长发育快,需要的钙、磷和其他矿物质多。饲料中含钙 0.8%～1.2%,含有效磷 0.35%～0.45%。其他微量元素和维生素最好使用复合预混料。

二、断奶仔猪的营养需要

早期断奶仔猪日龄小,消化功能弱,抵抗力差。所以,要求仔猪日粮必须原料品质新鲜、营养全面,适口性好,易消化,体积小。如果营养不良,会导致早期断奶失败。

另外,为了增加仔猪胃肠道内的酸度,提高胃蛋白酶的活性,同时抑制有害细菌的繁殖,在仔猪日粮中加入 1%～2% 的有机酸(如柠檬酸、延胡索酸等)可促进生长。

在仔猪日粮中加入复合酶制剂,可帮助消化。适当加入调味剂,可改善日粮的适口性,但不要过量添加,否则仔猪采食太多、易腹泻。

(一)仔猪对蛋白质的需要

近几年的研究表明,18%～22% 的粗蛋白质水平,即可满足早期断奶仔猪对蛋白质的需要,同时要求各种氨基酸的量要平衡。美国 NRC(1988)确定,5～10 千克体重的仔猪料中,赖氨酸的适宜水平为 1.15%;英国 ARC 的标准比 NRC 还要高些。在试验中,采用 19% 的蛋白质、1.10%～1.25% 的赖氨酸水平,饲养效果最好。

(二)断奶仔猪的饲料配方

下面介绍几个早期断奶仔猪的饲料配方,供参考。

1. 全国断奶仔猪配方协作试验中的统一配方　无霉黄玉米（水分 12%）62%，低尿酶豆粕（粗蛋白质 44%）25%，低盐进口鱼粉（粗蛋白质 60%）6%，食用油 3%，赖氨酸 1%，磷酸氢钙 2%，食盐 0.3%，预混料 1%。日粮的营养成分为：消化能 1380.72 千焦/千克，粗蛋白质 19.5%，赖氨酸 1.1%。预混料中含有铁、铜、锌、锰、碘、硒和喹乙醇，它们在日粮中的含量为铁 150 毫克/千克，铜 125 毫克/千克，锌 130 毫克/千克，锰 5 毫克/千克，碘 0.14 毫克/千克，硒 0.3 毫克/千克，喹乙醇 100 毫克/千克。另外，每 100 千克日粮可再加多种维生素 10 克。

2. 美国的仔猪三阶段饲养体系　美国的 Nelssen 博士于 1986 年提出了仔猪饲养的"三阶段饲养体系"。在第一阶段（体重 7 千克以内），喂 40% 的乳产品，饲料中的赖氨酸含量为 1.5%，料型为颗粒料；第二阶段（体重 7～11 千克），采用谷物-豆饼日粮，含有一定的乳清粉和一些高质量的蛋白质饲料，如喷雾干燥血粉或浓缩大豆蛋白，饲料中的赖氨酸含量为 1.25%；第三阶段（体重 11～23 千克），采用谷物-豆饼日粮，饲料中的赖氨酸含量为 1.10%。

3. 饲料加工方式对断奶仔猪生产性能的影响　断奶仔猪采食颗粒饲料比采食粉状料效果好，表现在长得快，饲料报酬高。研究表明，给幼猪使用直径 2.5 毫米的颗粒料，可获得最佳的生产性能。对月龄大的猪，颗粒的大小不那么重要。

三、肥育猪的营养需要

(一)生长肥育猪的生理特点和发育规律

根据肥育猪的生理特点和发育规律，我们按猪的体重将其生长过程划分为 2 个阶段，即生长期和肥育期。

1. 生长期　体重 20～60 千克为生长期。此阶段猪的机体各组织、器官的生长发育不很完善，尤其是刚刚 20 千克体重的猪，其消化系统的功能较弱,消化液中某些有效成分不能满足猪的需要,影响了营养物质的吸收和利用,并且此时猪只胃的容积较小,神经系统和机体对外界环境的抵抗力也正处于逐步完善阶段。这个阶段主要是骨骼和肌肉的生长,而脂肪组织的增长比较缓慢。

2. 肥育期　体重 60 千克至出栏为肥育期。此阶段猪的各器官、系统的功能都逐渐完善,尤其是消化系统有了很大发展,对各种饲料的消化吸收能力都有很大改善;神经系统和机体对外界的抵抗力逐渐提高,能够快速适应周围温度、湿度等环境因素的变化。此阶段猪的脂肪组织生长旺盛,肌肉和骨骼的生长较为缓慢。

(二)生长肥育猪的营养需要

生长肥育猪的经济效益主要是通过生长速度、饲料利用率和瘦肉率来体现的,因此,要根据生长肥育猪的营养需要配制日粮,以最大限度地提高瘦肉率和肉料比。

一般情况下,猪日采食能量越多,日增重越快,饲料利用率越高,沉积脂肪也越多,但瘦肉率降低,胴体品质变差。蛋白质的需要更为复杂,为了获得最佳的肥育效果,不仅要满足蛋白质量的需求,还要考虑必需氨基酸之间的平衡和利用率。能量高使胴体品质降低,而适宜的蛋白质能够改善猪胴体品质,这就要求日粮具有适宜的能量蛋白比。由于猪是单胃杂食动物,对饲料粗纤维的利用率很有限。研究表明,在一定条件下,随饲料粗纤维水平的提高,能量摄入量减少,增重速度和饲料利用率降低。因此,猪日粮粗纤维不宜过高,肥育期应低于 8%。矿物质和维生素是猪正常生长发育不可缺少的营养物质,长期过量或不足,将导致代谢紊乱,轻者增重减慢,严重的发生缺乏症或死亡。生长期为满足肌肉和骨骼的快速增长,要求能量、蛋白质、钙和磷的水平较高,饲粮含消化能 12.97～13.97 兆焦/千克,粗蛋白质水平为 16%～18%,适宜的能量蛋白比为 188.28～217.57,钙 0.50%～0.55%,磷 0.41%～0.46%,赖氨酸 0.56%～0.64%,蛋氨酸＋胱氨酸

0.37%～0.42%。肥育期要控制能量,减少脂肪沉积,饲粮含消化能 12.30～12.97 兆焦/千克,粗蛋白质水平为 13%～15%,适宜的能量蛋白比为 188.28,钙 0.46%,磷 0.37%,赖氨酸 0.52%,蛋氨酸＋胱氨酸 0.28%。

四、妊娠母猪的营养需要

妊娠前期(配种后的 1 个月以内):这个阶段胚胎几乎不需要额外营养,但有两个死亡高峰,饲料饲喂量相对减少,质量要求高,一般日喂给 1.5～2.0 千克的妊娠母猪料,饲粮营养水平为:消化能 12.33～12.54 兆焦/千克,粗蛋白质 14%～15%,青粗饲料给量不可过高,不可喂发霉变质和有毒的饲料。

妊娠中期(妊娠的第 31～84 天):日喂给 1.8～2.5 千克妊娠母猪料,具体喂料量以母猪体况决定,可以大量饲喂青绿多汁饲料,但一定要给母猪吃饱,防止便秘。严防给料过多,导致母猪肥胖。

妊娠后期(临产前 1 个月):这一阶段胎儿发育迅速,同时又要为哺乳期蓄积养分,母猪营养需要高,每日可以供给 2.5～3.0 千克的哺乳母猪料。此阶段应相对减少青绿多汁饲料或青贮饲料。在产前 5～7 天要逐渐减少饲喂量,直到产仔当天停喂饲料。哺乳母猪料营养水平:消化能 12.75～13.17 兆焦/千克,粗蛋白质 16%～17%。

五、公猪的营养需要

公猪要保持种用体况,性欲旺盛,精力充沛,配种能力强,精液品质优良,合理供给营养是基础。蛋白质水平是影响精液品质的重要因素之一。培育期公猪、青年公猪和配种期公猪饲粮粗蛋白质水平应保证 14%,成年公猪和非配种期公猪为 12%,每千克饲粮消化能 12.35 兆焦,还要注意其他营养的供给。在工厂化饲养条件下,种公猪饲喂锌、碘、钴、锰对精液品质有明显提高作用。种公猪日粮的安全临界:粗蛋白质 13%、赖氨酸 0.5%、钙 0.95%、磷 0.80%。应保持成年种公猪种用体况,又能积极正常工作的状态。公猪单栏饲养,每天饲喂 2 次,饲喂量 2.3～3.0 千克,全天 24 小时提供新鲜的饮水。配种公猪能量需要量是维持配种活动、精液生成、生长需要的总和。配种公猪没有特殊的氨基酸需要,蛋白质摄入不足会降低公猪的精液浓度和每次射精的精子总数,而且会降低性欲和精液量。每天提供 360 克蛋白质和 18.1 克总赖氨酸的日粮,可保持公猪良好的性欲和精液质量。为避免体重过度增加,通常公猪每天采食 2 千克饲料,其中粗蛋白质 13%、赖氨酸 0.6%、钙 0.95%、磷 0.80%、蛋氨酸和半胱氨酸 0.42%,能量水平为每千克 13.66 兆焦。

第三节　猪的饲养标准

猪的饲养标准是以猪饲料营养的理论为基础,以科学试验和生产实践的结果为依据制定的,而且经过广泛的中间试验和生产实践的验证和进一步修改。所以,猪的饲养标准是近代营养、饲养科学技术发展和生产实践经验的总结。它既有营养需要科学性的一面,又有切合实际的一面。它是理论与实际结合的产物,具有很高的科学性和实用性。

一、现行的生猪饲养标准

目前,具有代表性的饲养标准有美国 NRC《猪的营养需要》,英国 ARC《猪的营养需要》,中国《肉脂型猪的饲养标准》(见附表

1)，我国农业部 2004 版猪的饲养标准等。营养需要和饲养标准的区别是前者是最低需要量，未加保险系数，后者是实际生产条件下的营养需要，加有保险系数。在内容上，实际是指标多少和水平高低的问题。所以，指标是指饲养标准中所规定营养需要的项目多少，而水平是指各个指标的高低。

二、饲养标准的制定

一方面使饲料工业生产配合饲料有章可循，另一方面使畜牧工作者饲养猪只有据可依。在具体应用饲养标准时，应根据所饲养的品种、环境条件、饲养管理水平等具体情况，实际应用后的效果对饲养标准加以适当调整，灵活应用，不可生搬硬套。

第四节　猪的日粮配制

配合饲料是根据猪的饲养标准，将多种饲料原料按一定比例和规定的加工工艺配制成的均匀一致、营养价值完全的饲料产品。由于猪一般均为合群饲养，应按照群体的生理状态和生产水平分别配合饲粮。

一、饲粮配合的原则

第一，选用适宜的饲养标准作为日粮养分供给水平的依据；

第二，选择饲料原料时应尽量做到兼顾日粮的养分含量、消化性、适口性和成本因素，充分利用本地原料，在保证营养需要的同时尽量降低饲料成本；

第三，饲粮体积和干物质含量应适合猪消化道容量，以免妨碍正常消化。

二、日粮配方

饲料配方计算技术是动物营养与饲料学和近代应用数学相结合的产物。它是实现饲料原料合理搭配,获得高效益、低成本饲料配方的重要手段,是发展配合饲料,促进动物饲养业现代化的一项基础工作。常用的饲料配方计算方法包括试差法、交叉法、联立方程法、计算机辅助设计法。

(一)交叉法

交叉法又称四角法、方形法、对角线法或图解法。在饲料原料种类不多,即考虑营养指标较少的情况下,应用此方法较为简便。但其缺点是计算要反复进行两两组合,比较麻烦,不能满足多项营养指标,应用此法时要注意两种饲料养分含量必须分别高于和低于所求的数值。下面举例说明:

1. 两种饲料的配合

例:用玉米、豆粕为主给体重 20~35 千克的生长猪配制粗蛋白质水平为 16％的混合饲料,步骤如下:

第一步,做十字交叉图,把日粮所需达到的粗蛋白质含量 16％放在交叉处,玉米和豆粕的粗蛋白质含量分别放在左上角和左下角,然后以左方上、下角为出发点,各向对角通过中心做交叉,大数减小数,所得的数分别记在右上角和右下角。

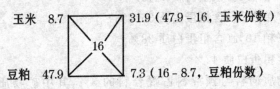

玉米 8.7 ⬚ 31.9(47.9－16,玉米份数)

16

豆粕 47.9 ⬚ 7.3(16－8.7,豆粕份数)

第二步,上面所计算的各差数,分别除以这两差数的和,就得到两种饲料混合的百分比。

玉米应占比例＝31.9/(31.9＋7.3)×100％＝81.4％

粗蛋白质含量：8.7％×81.4％＝7.08％

豆粕应占比例＝7.3/(31.9＋7.3)×100％＝18.6％

粗蛋白质含量：47.9％×18.6％＝8.9％

7.1％＋8.9％＝16％

因此,体重 0～35 千克的生长猪的日粮由 81.4％玉米和 18.6％豆饼组成。

2. 两种以上饲料组分的配合

例：用玉米、高粱、小麦麸、豆粕、菜籽饼、棉籽粕和矿物质饲料,为体重 20～35 千克生长猪配制含粗蛋白质为 16％的混合饲料。先根据经验和饲料原料养分含量把以上饲料分成比例已初步确定的 3 组饲料,即混合能量饲料、混合蛋白质饲料和矿物质饲料与预混料,再把能量饲料和蛋白质饲料做交叉组合,方法如下：

第一步,按类别分别计算混合能量饲料和混合蛋白质饲料中粗蛋白质的平均含量：

混合能量饲料组的粗蛋白质含量为：

玉米 60％(含粗蛋白质 8.5％)

高粱 20％(含粗蛋白质 9％)

麦麸 20％(含粗蛋白质 15.5％)

共含粗蛋白质 10％

混合蛋白质饲料组的蛋白质含量为：

豆粕 70％(含粗蛋白质 44％)

棉籽粕 20％(含粗蛋白质 36.8％)

菜籽粕 10％(含粗蛋白质 38％)

共含粗蛋白质 42％

矿物质饲料与预混料占混合料的 3％,其中矿物质饲料占 2％,其成分为骨粉和食盐。按饲养标准食盐宜占混合料的

0.3％,则食盐在矿物质饲料中应占 15％,骨粉则占 85％。预混料占 1％。

计算未加矿物质饲料前混合料中粗蛋白质的含量。

因配好的混合料在掺入矿物质饲料与预混料后其中粗蛋白质的含量会低于 16％,所以先将矿物质饲料与预混料用量从总量中扣除,以便按照 3％添加后全价料的粗蛋白质含量保持 16％。则未添加矿物质料与预混料前的全价料总量为 100％－3％＝97％,粗蛋白质含量为 16/97＝16.5％。

第二步:把混合能量饲料和混合蛋白质饲料用四边形法计算。

能量饲料 10　　　　　　　　25.5(42-16.5,混合能量料应占份数)

16.5

蛋白质饲料 42　　　　　　　6.5(16.5-10,混合蛋白料应占份数)

第三步:把上列饲料换算成百分数。

混合能量饲料比例＝25.5/(25.5＋6.5)×100％＝79.69％

豆粕应占比例＝6.5/(25.5＋6.5)×100％＝20.31％

第四步:计算各种饲料在日粮中所占的比例。

玉米:60％×79.69％×97％＝46.3％

以此类推,高粱 15.5％、麦麸 15.5％、豆粕 13.8％、棉籽粕 3.9％、菜籽粕 2.0％、骨粉 1.7％、食盐 0.3％、预混料 1％,合计 100％。

(二)联立方程法

此法是利用数学上的联立方程求解法来计算饲料配方,优点是条理清晰,方法简单,缺点是饲料种类多时计算较为复杂。

例:要配制含粗蛋白质 16％的配合饲料,现有含粗蛋白质 10％的能量饲料(其中玉米占 80％,麸皮占 20％)和含粗蛋白质 36％的蛋白质浓缩料,其方法如下:

设配合饲料中能量饲料的百分数为 X％,蛋白质浓缩料百分数为 Y％

得:X＋Y＝1

给含粗蛋白质需要量联立方程:

$$\begin{cases} X＋Y＝1 \\ 10\%X＋36\%Y＝16\% \end{cases}$$

求解:

X＝80.77(％)

Y＝19.23(％)

求能量饲料中玉米、麸皮在配合饲料中所占的比例:

玉米％＝80.77％×80％＝64.62％

麸皮％＝80.77％×20％＝16.15％

因此,配合饲料中玉米、麸皮和蛋白质浓缩料各占 64.62％、16.15％和 19.23％。

(三)试 差 法

这种计算方法又称凑数法,是小型企业普遍采用的方法之一。具体做法是:首先根据经验初步拟出各种饲料原料的大致比例,然后用各自的比例去乘该原料所含的各种养分的百分含量,再将各种原料的同种养分之积相加,即得到该配方中每种养分的总量,将所得结果与饲养标准进行对照,若有超过或不足时,可通过增加或减少相应的原料比例进行调整并重新计算,直至所有的营养指标都基本满足营养需要为止。这种方法简单易学,可以逐步深入,掌握各种配方技术,因而广为利用。缺点是计算量大,十分繁琐,需要一定的配方经验,不易筛选出最佳配方。

初拟配方时,先确定矿物质、食盐、预混料的量。

对原料的营养特性要有了解,确定含毒素、营养抑制因子原料的限量,根据营养特性和成分,确定相互替代的原料。

调整配方时,先满足能量和蛋白质需要,后考虑矿物质和氨基酸需要。

矿物质不足时,先以含磷高的原料满足磷的需要,再计算钙的含量,不足的钙以低磷高钙的原料补充。

氨基酸不足时,以合成氨基酸补充,但要考虑氨基酸产品的含量和效价。

配方营养浓度应稍高于饲养标准,可以自行确定一个最高的超出范围,如 1%~2%。

(四)计算机辅助设计

利用计算机可以加快计算速度,优化组合多种饲料原料,得出价格优势明显的饲料配方。手工计算饲料配方运算量大,计算繁琐。

我国在 20 世纪 80 年代中期开始普遍使用计算机,利用运筹学及线性规划方法开发出了很多饲料配方软件。计算机饲料配方设计有着不同于传统方法的特点,初学者注意事项:

①饲料配方软件很多,具体操作也各异,应用时要先阅读使用手册,循序渐进,多实践,积累经验。

②只有为计算机提供抽象后的数学模型,才能计算,所以饲料配方设计的核心是将饲料配方过程中的营养与经济问题转化为相应的数学模型。

③正确处理配方实践过程中出现的问题,如出现无解,应检查原料营养成分含量之间是否彼此矛盾或原料品质差而饲养标准定得过高。

计算机设计饲料配方的方法有多种,如线性规划法、多目标规划法、参数规划法等,线性规划法是其中应用最为广泛的一种,其解法成熟、规范、通用性好,是其他规划方法的基础。计算机设计饲料配方的步骤:

①确定饲料种类。根据饲料资源丰缺、库存情况、市场价格、动物种类及不同生理阶段、生产目的和性能来确定采用哪些原料。

②确定营养指标。一是国内外正式公布使用的饲养标准;二是设计者的理论水平和实际经验;三是本地长期生产的经验数据;

四是用户的特殊要求;五是特殊的科学试验要求等。饲料原料的营养成分因地而异,因此最好对各种原料取样分析,所输入的营养含量值要同级同位,采用百分含量,不能互相矛盾。

③查实饲料原料的价格。

④将上述各步骤的数据逐一输入计算机内。

⑤运行配方计算程序,求解。

⑥审查计算机设计出的配方,如不理想,就要修正,要有针对性地约束条件和限制量,从而得到一个营养平衡、价格适中的科学配方。

第五节 饲料加工和贮存

一、饲料加工

规模化猪场常用的日粮类型包括:全价饲料、谷物和补充饲料、基础混合料和预混料。大多数饲料在饲喂前都要经过加工。饲料加工方法包括粉碎或碾磨、制粒和热处理。加工方法的选择取决于使用的原料、猪的日龄和成本利益的关系,加工不当的饲料会导致粒度变化、成分混合不均匀、猪挑食、饲料利用率降低、生产性能降低,甚至引起更为严重的健康问题。规模化猪场应建立自己的饲料加工部门,购置必要的饲料加工设备,以加工全价饲料和配合饲料为主,如果条件允许也可以购置小型的制粒机械,生产颗粒饲料以满足哺乳仔猪和断奶仔猪的营养需要。

配合饲料的加工需要现代化的设备,饲料加工机械设备包括:清理设备、粉碎机械、配料装置、混合机械、成品包装机、除尘设备、贮存设备、输送设备等。目前,国内许多饲料机械设备厂,如江苏牧羊集团、湖北正昌集团等都能够生产成套的不同型号的饲料加工机械。

(一)配合饲料的加工工序

1. 清理工序　饲料加工厂的原料清理流程分为进仓前清理和进仓后清理。前者能够使进入料仓的原料比较干净、杂质少，有利于贮存，也利于出仓，但不利于工厂产量和成本核算；后者可以与主车间结合，省去了工作塔，但没有称重设备，不利于生产管理，杂质多，不利于贮存。

2. 粉碎工序　粉碎是饲料加工工艺中最基本的工序，主粉碎机的小时生产能力应接近工厂的小时产量，同时它也是厂内主要噪声源之一。所以，在工艺设计时要多考虑房屋结构、设备选择、动力配备、降噪、除尘等方面因素。粉碎机的选择要结合以下要点：①粉碎谷物原料宜选用大包角的锤片粉碎机。②粗纤维含量较高的原料宜选用齿板和孔板兼顾的粉碎机。③饼粕类原料宜选用滚刀式碎饼机粉碎，其小时产量应大于用量的 1 倍以上。④矿物质盐宜用带有风送排料系统的无筛微粉碎机或球磨机。

3. 配料工序　配料工艺直接影响到产品质量，根据配料的计量原理，可分为重量式配料和容积式配料两类。配料工序的主要组成部分是：配料仓、喂料机、配料秤和集料斗。

4. 混合工序　是保证饲料产品营养成分分布均匀、质量稳定的关键环节。大型配合饲料厂混合工序比较复杂，它由预先混合微量组分的预混合机、液体添加系统和最终将主、副原料与预混合饲料均匀混合在一起的主混合机组成。为了保证稀释后的微量组分全部进入主机，预混合机宜布置在主混合机上方，两机的容量比一般为 1∶5 以上。

(二)配合饲料加工工艺

配合饲料的加工工艺可分为"先粉碎后配料"和"先配料后粉

碎"两种。这两种方法动力消耗基本相同,若主原料的比例搭配适当,还会进一步降低电耗。

1. 先粉碎后配料工艺　是指将原料仓的粒料先进行粉碎,然后进入配料仓进行配料、混合、制粒。这是一种传统的加工工艺,主要用于加工谷物含量高的配合饲料。

工序:主、副原料接收和清理→粒料粉碎→配料→混合→制粒→成品包装和散装发放

优点:机器始终处于满负荷生产状态;可针对原料的不同物理特性及配方中的粒度要求,调整筛孔大小;粉碎工序之后配有大容量配料仓,粉碎机的短期维修不会影响生产;装机容量低等。

2. 先配料后粉碎工艺　是指将饲料各组分先进行计量配料,然后进行粉碎、混合、制粒。

工序:主、副料接收和清理→配料→二次粉碎→混合→制粒→成品包装及散装发放

优点:原料仓兼作配料仓,可省去大量的终极配料仓机器控制设备,简化流程;避免了中间粉状原料配料仓的拱结。

二、饲料的贮存

全价配合饲料中各种成分之间存在一定的化学作用,如维生素、微量元素、胆碱之间如果较长时间存放则会降低饲料的适口性和营养物质含量,影响饲喂效果,因此必须高度重视饲料的贮藏工作。规模化养猪企业自行生产的全价配合饲料的贮存期不宜超过1个月。最佳效果是现配现用,可以最大限度减少饲料中营养成分在贮存过程中的损失。

(一)颗粒饲料的贮存

因饲料制粒是用蒸汽(也有用水)处理,能杀死绝大部分微生物和害虫,而且孔隙度大,含水较低,维生素也容易被光照破坏。

(二)粉状饲料的贮藏

粉状配合饲料大部分是谷类,表面积大,孔隙度小,导热性差,容易吸湿发霉。其中的维生素随温度升高而损失加大,维生素之间,维生素与矿物质的配合方法不同,其损失情况也有所不同。此外,光照也是造成维生素损失的主要因素之一,所以,粉状饲料一般不宜久放,一般在厂内存放时间不要超过1个月。

(三)浓缩饲料的贮存

浓缩饲料富含蛋白质,并含维生素和各种微量元素等营养物质。其导热性差,易吸湿,因而微生物和害虫易繁殖,维生素易受热、氧化等因素的影响而失效,有条件时,浓缩料中可加入适量抗氧化剂。贮存时要放在干燥,低温处。

第六节　饲料质量检测

饲料品质的好坏不仅直接影响猪的健康与生产,同时也会间接影响人类的健康,因而对饲料的品质必须进行严格监控。因此,规模化猪场必须建立独立的饲料品质监控部门,主要职能是对饲料原料检验和对加工后的饲料进行检验。项目包括物理性状(感官性状、粒度、混合均匀度以及颗粒的粉化度等)、化学成分(营养成分含量、有毒有害物质含量等)及生物学性状(霉菌、有害微生物侵染状况等)。

一、样本的制备

(一)鲜样的制备

把由四分法得到的次级样品,用粉碎机、匀浆机或超声波破碎仪捣成浆状,混匀后得到新鲜样品。鲜样最好立即分析,分析结果注明鲜样基础(水分含量)。

(二)风干样品的制备

风干样品是指自然含水量不高的饲料样品,一般含水在15%以下。常用的粉碎设备有植物样品粉碎机、旋风磨、咖啡磨和滚筒式样品粉碎机。

凡饲料原样本中不含有游离水,仅含有一般吸附于饲料中蛋白质、淀粉等的吸附水,其吸附水的含量在15%以下的称之为风干样本。

(三)半干样品的制备

初水是指新鲜样品在60℃~65℃恒温干燥箱中烘8~12小时,除去部分水分,然后回潮,与周围环境空气湿度保持平衡,在这种条件下所失去的水分称为初水,去掉初水后的样品为半干样品。

(四)绝干样品

饲料样品,如各种子实饲料、油饼、糠麸、稿秕、青干草、鱼粉、血粉等可以直接在100℃~105℃温度下烘干,烘去饲料中蛋白质、淀粉及细胞膜上的吸附水,得到绝干样品。

(五)分析样品

样品经粉碎机粉碎后得到不同粒度的、可供不同目的分析用的样品。

二、样本的登记与保管

样本登记内容:样品名称、规格型号、批号、产地、采样部位、采样人、采样日期、生产厂家、通讯地址等。

样本保管用不与其发生作用的材料包装,内衬塑料袋,外加布袋或牛皮纸袋,再贴上标签及封条,加盖公章。

三、饲料样品的检测

饲料品质检测可以分为实验室检测、动物饲养检验以及广泛性生产验证等方法。

以下是我国现行的常用饲料中营养成分和有毒有害物质的检测方法：

GB/T 6432—1994 饲料中粗蛋白质测定方法

GB/T 6432—1994 饲料中粗脂肪测定方法

GB/T 6433—2006 饲料粗脂肪测定方法

GB/T 6434—2006 饲料中粗纤维测定方法

GB/T 6435—2006 饲料中水分和其他挥发性物质含量的测定

GB/T 6436—2002 饲料中钙的测定

GB/T 6437—2002 饲料中总磷的测定 分光光度法

GB/T 6438—2007 饲料中粗灰分的测定

GB/T 6439—2007 饲料中水溶性氯化物的测定

GB/T 8622—2006 饲料用大豆制品中尿素酶活性的测定

GB/T 13079—2006 饲料中总砷的测定

GB/T 13080—2004 饲料中铅的测定 原子吸收光谱法

GB/T 13081—2006 饲料中汞的测定

GB/T 13082—1991 饲料中镉的测定方法

GB/T 13083—2002 饲料中氟的测定离子选择性电极法

GB/T 13084—2006 饲料中氰化物的测定

GB/T 13085—2005 饲料中亚硝酸盐的测定 比色法

GB/T 13088—2006 饲料中铬的测定

GB/T 14608—1993 小麦粉湿面筋测定法

GB/T 15398—1994 饲料有效赖氨酸测定方法

GB/T 17481—2008 预混料中氯化胆碱的测定

GB/T 18246—2000 饲料中氨基酸的测定

GB/T 18872—2002 饲料中水分、粗蛋白质、粗脂肪、粗纤维、赖氨酸、蛋氨酸快速测定　近红外光法

GB/T 20193—2006 饲料用骨粉及肉骨粉

GB/T 20411—2006 饲料用大豆

GB/T 21108—2007 饲料中氯霉素的测定　高效液相色谱串联质谱法

GB/T 21517—2008 饲料添加剂　叶黄素

GB/T 21695—2008 饲料级　沸石粉

GB/T 18823—2002 饲料检测结果判定的允许误差

HG 2860—1997 饲料级　磷酸二氢钾

HG 2939—2001 饲料级　碘化钾

HG 2941—1999 饲料级　氯化胆碱

HGT 2861—2006 饲料级　磷酸二氢钙

HGT 3776—2005 饲料级　磷酸氢二钙

ISO 660—1996 动植物油脂　酸价和酸值的测定

ISO 3960—2001 动植物油脂　过氧化值的测定

ISO 17059—2007 油料脂肪酸组成

GB/T 8381—1987 饲料中黄曲霉毒素 B_1 的测定方法

GB/T 13079—1999 饲料中总砷的测定

GB/T 13080—1991 饲料中铅的测定方法

GB/T 13081—1991 饲料中汞的测定方法

GB/T 13082—1991 饲料中镉的测定方法

GB/T 13083—1991 饲料中氟的测定方法

GB/T 13084—1991 饲料中氰化物的测定方法

GB/T 13085—1991 饲料中亚硝酸盐的测定方法

GB/T 13086—1991 饲料中游离棉酚的测定方法

GB/T 13087—1991 饲料中异硫氰酸酯的测定方法

GB/T 13088—1991 饲料中铬的测定方法

GB/T 13089—1991 饲料中噁唑烷硫酮的测定方法

GB/T 13090—1991 饲料中六六六、滴滴涕的测定

GB/T 13091—1991 饲料中沙门氏菌的测定方法

GB/T 13092—1991 饲料中霉菌检验方法

GB/T 13093—1991 饲料中细菌总数的检验方法

GB/T 17480—1998 饲料中黄曲霉毒素 B_1 的测定　酶联免疫吸附法

HG 2636—1994 饲料级磷酸氢钙

第七节　各类猪参考饲料配方及效果评价

一、各类猪参考饲料配方

见表 4-1 至表 4-4。

表 4-1　3 周龄前乳猪配合饲料配方

	配方编号	1	2	3	4	5	6	7
配方组成（％）	玉　米	26.8	28.3	19.1	44	40.2	27.7	36.6
	膨化大豆	16.6	15.1	24.2	23.2	25	30	25.1
	脱脂奶粉	40	40	20	10	20	10	10
	乳清粉			20	10	10	20	20
	鱼　粉	2.5	2.5	2.5			2.5	
	蔗　糖	10	10	10	10	2.5	5	5
	脂　肪	2.5	2.5	2.5			2.5	1
	碳酸钙	0.4	0.4	0.5	0.5	0.5	0.5	0.5
	磷酸氢钙	0.4	0.4	0.4	1	0.5	0.5	0.5
	食　盐	0.3	0.3	0.3	0.3	0.3	0.3	0.3
	添加剂预混料	0.5	0.5	0.5	1	1	1	1
	合　计	100	100	100	100	100	100	100
营养水平	粗蛋白质（％）	24	24	24	20	23.6	23.5	21.7
	钙（％）	0.8	0.8	0.8	0.85	0.72	0.69	0.69
	磷（％）	0.6	0.6	0.6	0.75	0.62	0.61	0.61

表 4-2 断奶仔猪配合饲料配方

	配方编号	1	2	3	4	5
配方组成（%）	玉 米	62.16	59.86	60.84	55.1	50.1
	麦 麸	7	10	11.0	10	10
	豆 粕	19		20.0	16	16
	膨化大豆	5	24			6
	乳清粉				10	10
	鱼 粉	2	4	4.0	5	5
	蚕 蛹	1				
	油 脂	1		2.0	2	1
	碳酸钙	0.6	0.6	0.6	0.6	0.6
	磷酸氢钙	1.3	0.9	0.9	0.5	0.5
	食 盐	0.3	0.3	0.3	0.3	0.3
	添加剂预混料	0.3	0.3	0.3	0.3	0.3
	赖氨酸	0.08	0.02	0.05		
	蛋氨酸	0.01	0.02	0.01		
	碳酸氢钠	0.25			0.2	0.2
	合 计	100	100	100	100	100
营养水平	消化能（兆焦/千克）	14.11	14.18	13.88	14.01	14.02
	粗蛋白质（%）	18	18	17.78	18	18
	钙（%）	0.8	0.78	0.72	0.70	0.7
	磷（%）	0.6	0.6	0.6	0.5	0.65
	赖氨酸（%）	0.95	0.95	0.92	0.92	0.93

表 4-3　生长肥育猪配合饲料配方

	体重阶段（千克）	20～60	20～60	20～60	60～100	60～100	60～100
配方组成（%）	玉　米	59	49	61	65.2	49.2	65.2
	麸　皮	5	15	15	5	18	16
	豆　粕	23	21	21	17	15	16
	稻　谷		12			15	
	高　粱	10			10		
	骨　粉		1			0.6	
	石　粉	1	0.6	1	1	0.8	1
	磷酸氢钙	0.6		0.6	0.4		0.4
	食　盐	0.4	0.4	0.4	0.4	0.4	0.4
	添加剂预混料	1	1	1	1	1	1
	合　计	100	100	100	100	100	100
营养水平	消化能（兆焦/千克）	13.4	13.3	13.4	13.1	13.11	13.1
	粗蛋白质（%）	16.5	16.4	16.4	14.4	14.5	14.6
	钙（%）	0.65	0.64	0.63	0.60	0.61	0.60
	总磷（%）	0.5	0.51	0.51	0.40	0.44	0.45
	赖氨酸（%）	0.78	0.77	0.78	0.62	0.65	0.63

表 4-4　种公猪和种母猪配合饲料配方

	配方编号	配种期公猪	休闲期公猪	常年配公猪	妊娠前期	妊娠后期	哺乳期
配方组成（%）	玉　米	55.2	60	59	59	60	57
	麸　皮	12	18	18	16	10	10
	豆　粕	20	13	14	16	20	23
	苜蓿粉	4	6	4	6	4	4
	鱼　粉	6		2		3	3
	碳酸钙	1	1	1	1	1	1
	磷酸氢钙	0.5	0.6	0.6	0.6	0.6	0.6
	添加剂预混料	1	1	1	1	1	1
	食　盐	0.3	0.4	0.4	0.4	0.4	0.4
	合　计	100	100	100	100	100	100
营养水平	消化能（兆焦/千克）	12.8	12.3	12.5	12.5	13	13.01
	粗蛋白质（%）	18.5	14.1	15.1	14.6	17	18.02
	粗纤维（%）	4.1	4.8	4.4	4.9	4.04	4.01
	钙（%）	0.87	0.75	0.73	0.71	0.77	0.78
	磷（%）	0.63	0.57	0.60	0.5	0.54	0.55

二、饲料配方饲养效果评价

猪饲料的饲养效果评价方法和指标很多，根据需要有不同侧重。

(一)猪的生长速度

考查一定时间内猪增重的数量,一般以日增重表示,数值越大表示饲料饲养效果越好。

(二)饲料利用率

考查猪在一定时间内消耗的饲料数量与其增重的比值,即料肉比,数值越小表示饲料饲养效果越好。

(三)经济效益

考查猪在一定时间内产出价值与消耗价值的差值。

(四)发病率和死亡率

统计使用不同饲料时猪群的发病和死亡情况,尤其是与饲料相关的发病和死亡情况,一般是在饲料中加入某个物质,看其对发病的影响。

(五)畜产品质量

考查不同饲料使用时对猪肉品质的影响,比如瘦肉率高低、瘦肉滴水损失、瘦肉中脂肪含量、某些和味道相关氨基酸的含量等。

(六)繁殖性能

考查饲料使用时对种猪繁殖性能的影响,如母猪受胎率、产活仔数、断奶仔数、泌乳力等,公猪精液产量、精子数量、精子活力、精子畸形率等。

(七)血液生化指标

某些血液生化指标,如血糖、免疫因子、血浆尿素氮、激素水平等也可反映饲料的饲养效果。

以上都是利用猪的饲养试验从数量上定量反映饲料的饲养效果的指标,经过统计分析可以说明问题。有些饲料在使用后从猪的外观上有一定表现,如皮红毛亮、安静肯睡等,但不能定量说明。

第五章 规模化猪场饲养管理技术

第一节 公猪的饲养管理

对一个成功的繁殖猪群而言,公猪的影响远大于母猪,但在以往的猪场生产管理中,种公猪的管理往往被忽视了。品质优良的种公猪是一个猪群高生产水平的保证;采用人工授精时,公猪对整个群体后代的影响更大。因而,如何养好、用好公猪,充分提高其种用价值,在规模化养猪生产中显得极为重要。因此;要采取综合技术措施,提高公猪繁殖力。

一、公猪的引入

有计划地引入和更新公猪是提高猪群效益的有效措施之一。引种应从国外直接引入,或从 A 级定点原种场引种。选择理想的公猪,并不是一件容易的事情。一头优良种猪从小到大须经多次选择,一般要在断奶、6 月龄和初配阶段进行。断奶阶段推测仔猪将来生长发育的优劣十分困难。而 6 月龄阶段是猪生长发育的转折点,此时体重 90 千克左右,通过本身的发育资料并参照同胞测定资料,基本可以说明其发育和繁殖性能的优劣,是挑选、引入的适宜时期。

在公猪引入、选留、使用过程中,要切实注重对公猪的细微管理,应选拔高度责任心和较高技术水平的人员专司饲养和配种职责,根据生产实际,做出适宜的处理办法,从而养好、用好公猪,为整个工厂化流水作业畅通无阻打下坚实的基础。

二、营养需要和饲养

适宜的营养水平,是提高公猪健康水平和繁殖性能的决定性因素。无论是营养水平过高或过低,均会导致健康恶化和繁殖性能减退,因此在饲养上要严格遵循公猪行为习性的原则,所提供的日粮应使公猪具有:一是良好的种用体况,旺盛的性欲和配种能力,可以经常配种和供采精用。二是精液品质良好,精子密度大,活力强。种公猪日粮营养水平为,消化能≥12.96兆焦/千克、粗蛋白质≥17%、赖氨酸≥0.9%。日饲喂量一般90~150千克体重阶段,2~2.2千克,体重150千克以上阶段,3~3.5千克。在条件允许的情况下,每头猪每日加喂青绿多汁饲料0.5~1千克。

三、加强科学管理,改善生活环境条件

猪舍必须始终保持清洁、干燥、阳光充足和空气新鲜。固定采精(配种)场地,地面要求平坦而不光滑,有舒服的躺卧之地。

克服夏季高温影响,给公猪舍安装防暑降温设备,舍内保持18℃~20℃最佳温度。

饲喂、采精或配种、运动、刷拭等各项作业都应在大体固定的时间内进行,利用条件反射,养成规律性的生活制度,以利日常的管理操作。严禁饲喂前、后1小时内采精或配种。在夏季对采精或配种不久的公猪,忌饮冷水或用冷水突然喷洒头部。夏季早饲宜早,晚饲要晚。不喂霉变饲料。

冬季要防寒保暖,设暖棚和舍内安装暖气,并在公猪躺卧的地方加铺一定数量的垫草。

严防公猪咬架。公猪生性好斗,一般要求单栏饲养,栏内面积

不小于 9 米^2。

四、运　动

公猪饲养管理中,要始终强调适当的运动,无论是培育青年公猪或以后利用公猪配种时,都可显著地促进生长、发育、提高繁殖力,这是由于运动有助于加强机体新陈代谢、锻炼神经系统和肌肉,因而能够促进食欲,帮助消化、增强体质,改善精液品质,锻炼四肢的结实性。否则,公猪贪睡、肥胖、繁殖性能低下,四肢软弱且多发肢蹄病。

公猪运动量,若是驱赶运动,每日坚持舍外 1.5～2 小时,行程 2 千米,若是自由运动需 2～3 小时。夏季应在早、晚气温较低时进行,冬季可在中午暖和时进行。繁忙时可酌情减少运动量。

五、保健要规范化

要坚持每日用干草把或硬刷为公猪刷拭 1～2 次,保持猪体清洁,促进血液循环;夏季让公猪洗澡,保持皮肤卫生,同时也是饲养员调教公猪的大好时机,促使其性情相对温和,听从管教,利于采精(配种)和疫苗注射工作的顺利进行。要注意保护和修整趾蹄,并定期进行疫苗注射和驱虫等。

六、初配年龄

公猪性功能的发育分为初情期和性成熟两个阶段。当性成熟时,虽具备了正常的繁殖能力,然而身体仍处于快速发育阶段,经过一段时间后,方达到体成熟,如过早开始配种或训练采精,则精力消耗很大,势必缩短公猪的使用年限,而且受胎率低,因此初配年龄比性成熟要晚些。一般配种须待体成熟之后，但也不能使用过晚；过晚不但经济上不划算，而且会使公猪烦躁不安，影响食欲，不利生长发育，甚至养成自淫等恶癖。种公猪参配适宜期一般应在8～10月龄、体重120千克以上。

特别注意的是青年公猪的首次配种或采精，需要一位有经验的配种员，保证其配种或采精成功。同时，在正式投入配种前应通过调教使之养成接受采精的条件反射；采精后，精液要常规检查，并做好记录，这样可以掌握每头青年公猪的实际使用情况。

七、利用频率

对公猪的合理使用极为重要，采精或交配过频，或长期不用都是有害的。公猪利用过度，会显著降低精液品质，射精量减少，精子畸形率高，出现大量带原生质小滴的未成熟精子，从而影响受胎率。成年公猪使用过度造成的不良影响经调整采精、配种频率后可恢复正常，青年公猪由此产生的不良影响则难以恢复。

公猪的使用频率取决于年龄、性欲、体况、营养水平、生活环境与运动量等诸多相关因素，由于公猪每次射精量为150～300毫升，含精子数300亿～600亿个，而母猪受胎率要求有活力的精子在30亿个以上，精液不低于50毫升，所以公猪每天使用1次并不为过，但考虑到以上诸多因素和个体差异，较适宜的采精或交配频率：成年公猪每1～3天使用1次，如连续使用，每隔2～3天休息1次；1岁以下公猪每周不超过1次。定期检测精液品质，有助于确定个体适宜的利用频率。

八、公猪的数量与年龄结构

确定公、母猪的比例与公猪年龄结构是必要的，合理的比例可防止公猪过多或过少,从而获得较理想的配种效果,并减少管理和饲料上的浪费。本交时公、母比例以 1∶15～20 为宜,人工授精时公、母比例以 1∶100～200 为宜。

在确定公、母比例的同时,还应注意调整公猪的年龄结构,避免年老公猪和青年公猪过多而增加中年公猪的负担。中年公猪的比例应不低于 70%。对繁殖性能低劣的公猪要尽快识别出来及时淘汰。

九、种公猪的防疫

种公猪的防疫可参考以下方式。

每 6 个月:猪瘟单苗,4 头份(4 毫升),肌内注射;

第 4 个月:口蹄疫灭活苗,3 头份(3 毫升),肌内注射;

每 6 个月:伪狂犬病疫苗,2 头份(2 毫升),肌内注射;

每 6 个月:阿福丁,5～7 毫升,肌内注射;

每年 4～5 月份:细小病毒、乙脑单苗各 1 头份(2 毫升),肌内注射。

第二节　妊娠母猪的饲养管理

一、妊娠母猪的饲养方式

(一)抓两头顾中间

这种方式用于断奶后身体比较瘦弱的经产母猪。由于在上一胎体力消耗大,在新的妊娠初期,就应加强营养,促使体质恢复。

(二)步步高

这种方式适用于初产母猪和哺乳期间配种的母猪。因为初产母猪本身还处于生长发育阶段，哺乳期间配种的母猪生产任务繁重，营养需要量大。营养水平应随妊娠期逐步提高。

(三)前粗后精

这种方式适合于体况良好的经产母猪。妊娠前期以青饲料为主，并根据饲养标准进行饲喂。妊娠后期，胎儿发育迅速，应增加精饲料喂量。

(四)管 理

妊娠母猪最好采取单圈或单笼饲养，以便控制每头母猪的饲喂量。若条件不允许，每栏需容纳 2 头以上妊娠母猪，应做到预产期相近的母猪在同一栏内；若发现个别猪因怕其他母猪而影响采食量，应及时进行调换。此外，还应根据母猪的大小、肥瘦分圈饲养。

种母猪在封闭条件下饲养，有时因某种营养物质缺乏或比例失调而造成产死胎或弱胎，在排除了传染病等因素后，应对日粮中微量元素和维生素含量进行调整。在日粮中添加 1‰的碘化钾，可减少死胎发生。

二、妊娠母猪的分阶段饲养

母猪配种后，卵子受精后即妊娠开始，妊娠期为 111～117 天，一般为 114 天。配种和妊娠是养猪生产的关键时期，它决定着产仔数的多少和初生仔猪的健壮程度。针对母猪在妊娠期的不同生理特点及对日粮的需求，在生产实践中，我们通常把母猪分成 4 个阶段饲养管理。

(一)已配待查母猪

指配种 1～3 周的母猪,此时是受精卵着床期和胚胎器官的形成分化期。母猪对日粮的营养水平要求不很高,但对日粮质量要求很高。要严格控制母猪饲喂量,饲喂不能过多,每天 1.8～2.5 千克。摄入的能量过高,会增加胚胎的死亡。不宜对母猪频繁调圈,否则影响受精卵着床,也容易产生畸形胎。受胎 21 天以内,由于受精卵还没有着床,要适当减少日喂量,以防止受精卵因母猪代谢热过高而被吸收,以每日每头 2.5～3 千克为宜。在配种后 18～21 天注意观察母猪的返情情况,及时发现及时配种。

(二)妊娠前期母猪

指配种后 22～88 天,母猪维持期。在此阶段,仔猪增重较慢,此时母猪饲粮为每天 2～2.5 千克,要求保持中等膘情即可。

(三)妊娠后期母猪

指配种后 89～107 天。此时是胎儿生长发育最快期,妊娠后期即产前 1 个月是胎儿迅速生长发育时期,此阶段胎儿的增重量是初生仔猪体重的 60%～70%。因此,饲喂量要增加,日喂量为 3～3.5 千克。饲喂次数,若每栏 2 头母猪以上,采取日喂 2 次的方式;每栏 1 头母猪,可日喂 3 次,可喂干粉料。

(四)围产期母猪

指配种后 108 天至产仔。此时,应每天递减饲喂量,降低胃肠道对产道的压力,以保证母猪顺产。

妊娠母猪对环境的要求:猪喜凉怕热,妊娠母猪适宜的温度为 10℃～28℃。由于母猪体脂较多,汗腺不发达,外界温度接近体温时,母猪会忍耐不了,出现腹式呼吸;同时,体内胎儿得不到充足的氧,出现流产,死胎、木乃伊胎增加。定期通风换气,降低舍内氨气、甲烷等有害气体的浓度;尤其是冬季,通风换气与保温相矛盾,往往忽略了通风换气工作。

三、妊娠母猪的日常管理

在规模化生产中,饲养人员的工作比较繁重,除了饲喂工作外,还要求观察母猪有无异常,如是否有流产迹象,是否有返情的母猪,发现后要及时调出,避免爬跨其他母猪,造成机械性流产;母猪耳标有脱落的,要及时补打;母猪有外伤的,及时隔离治疗;围产期母猪是否有产仔的迹象;饮水器是否有水;饲槽、水管、圈栏、地面、漏粪板有破损的要及时调圈修理;设备是否能正常运行;舍内温度、湿度情况,要定期通风换气;舍内粪沟贮粪情况,及时抽粪排出;舍内物品摆放整齐;舍门口消毒脚踏池每天换药液1次,常规带猪消毒工作;本段舍外场区的卫生等。虽然工作比较繁重,但饲养人员要温和、耐心细致,不要打骂惊吓母猪,培养母猪温驯的习惯,以利于泌乳阶段带好仔猪。

(一)消毒工作

妊娠母猪常规每周带猪消毒3次,采取隔日消毒。消毒药物有氯制剂、酸制剂、碘制剂、季铵盐类、甲醛、高锰酸钾等。老场要求用强消毒剂,季铵盐类消毒剂多用于母猪上床清洗及新场的日常消毒。带猪消毒切忌浓度过大,一定要按标准配制消毒液。带猪要喷雾消毒,消毒要彻底,不留死角。空舍净化消毒,要求达到终末消毒;净化程序为:清理→火碱闷→冲洗→熏蒸→消毒剂消毒。

(二)免疫工作

给妊娠期母猪做防疫,一定要考虑母猪对疫苗的反应。比如,母猪对口蹄疫疫苗(尤其是亚Ⅰ型口蹄疫疫苗)的反应就很明显,免疫后出现体温升高,不吃食等。有的疫苗注射后,个别猪只甚至出现休克死亡,要求免疫后饲养人员要勤观察,发现问题,及时报告兽医人员,并辅助兽医人员及时抢救,以减少损失。建议对刺激性强的疫苗,妊娠后期母猪推迟免疫,或产后补免。

四、分娩及哺乳母猪管理

此阶段的管理要点是减少死亡,提高仔猪成活率和成功断奶。

(一)做好接产准备

母猪分娩前精神兴奋,频频起卧、外阴肿大、乳房膨胀发亮。当阴门流出少量黏液及所有乳头均能挤出多量较浓的乳汁时,母猪即将分娩。

(二)及时处理难产

母猪正常分娩时,每隔 5~30 分钟产下 1 头仔猪,2.5~5 小时全部产完。如果母猪用力,胎衣还没有排出,间隔超过 1 小时没有胎儿产出时,即谓难产。此时可小心让母猪站起设法把侧卧的位置变换一下,如果无效,就需用消过毒的手缓缓伸进阴道帮助拉出仔猪,若阴道空虚,子宫颈口开张时,可肌内注射催产素 1 毫升(10 单位),过 1~2 小时仍无猪产出,再注射 1 支,如果还无效,可考虑剖宫产。助产后对难产母猪注射抗生素和消炎药物。

(三)母猪的饲喂

分娩后第一天可喂给少量精饲料,以后逐渐增加,1 周后实行自由采食。如果母猪产弱小仔猪多,则应在饲料中添加 7%~10%的脂肪,以增加泌乳量,降低断奶前仔猪死亡率,并防止母猪哺乳期失重过多而影响断奶后的发情排卵和配种。

第三节　仔猪的饲养管理

一、初生仔猪的护理工作

(一)接生和保温

仔猪产出后要及时清除仔猪口鼻及身体上的黏液,剪断脐带并进行断端消毒,及时移到温暖干燥的保温箱或红外线灯下。由于初生仔猪大脑皮质尚未发育完全,垂体和下丘脑的反应能力以及神经传导功能较差,因此仔猪调节体温的能力差,且行动呆滞、迟缓,在寒冷环境中易被冻僵、压死,故应注意加强保温和防压工作。出生后1～3天保证仔猪活动范围的温度30℃～35℃,以后每周下降2℃～3℃,断奶时升至25℃～28℃,60日龄时适宜温度为18℃～20℃。有文献报道,温度每下降1℃,仔猪发生黄、白痢的可能性就上升1‰～2‰,初生仔猪管理要点,是控制好温度,防止被母猪压死。

(二)做好剪齿、断尾工作

1. 剪齿　仔猪尖锐的犬齿往往容易咬伤或刺伤母猪的乳头或仔猪的面颊,引起细菌感染,防止措施是剪齿。在仔猪出生后24小时内,用消过毒的平钳将上下腭两边4个犬齿剪净或剪短1/2,注意动作要准确,切面要平整,勿伤及齿龈部位。

2. 高密度大群饲养肉猪　猪群常见咬尾巴,发生咬尾的原因非常复杂,防止的有效方法就是断尾。在仔猪出生后24小时内,用专用剪尾钳直接剪断后消毒止血或用钝型钢丝钳在尾的下1/3处连续钳2次,把尾骨和尾肌都钳断,血管和神经压扁压断,皮肤压成沟,钳后 7～10 天尾巴即会干脱。

(三)让仔猪及时吃到初乳并做好固定乳头工作

初生仔猪的肠道是"开放的",母猪初乳中的免疫蛋白仔猪不经消化就能直接吸收进入血液,而 72 小时后,仔猪的肠道就会"慢慢封闭",吸收大分子免疫蛋白的功能就会降低,所以让仔猪及时吃到初乳非常重要,只有这样,才能使仔猪尽早获得母源抗体,建立免疫力、抗病力;初乳不但有丰富的营养,还含有加速肠道发育所必需的未知生长因子,能提高仔猪出生后 24 小时内肠道生长速度的 30% 左右,所以初乳对仔猪而言是无法替代的。

仔猪有固定乳头吸乳的习性,而母猪每个乳头的泌乳量有差异,一般前部的乳头泌乳量大,所以仔猪人工辅助定乳是将体重较小的仔猪放在母猪前部的乳头,使全窝仔猪生长发育整齐,便于以后的饲养管理。具体的操作方法是开始哺乳时就将仔猪和乳头编号。这样,就能将仔猪通过人工辅助固定在同一乳头上,防止仔猪乱抢,一般经过 1～2 天,仔猪即可认定自己的乳头吃奶,达到固定乳头的作用。

(四)假死仔猪的救护

有的仔猪出生后看上去似乎死亡,但心脏还在跳动,对这种猪可倒提两后腿,然后拍打两侧肋骨以刺激其呼吸,直到仔猪发出咳嗽声为止。

(五)去 势

商品猪场尽早去势公猪可减少刺激,伤口易愈合。出生后 24 小时至 1 周龄内均可实施。

(六)补水和补铁

出生 3 天后,给仔猪供应清洁饮水,保证其生长所需;仔猪生后 3 天内,每头肌内注射 100～150 毫克铁制剂以防止贫血。

(七)补 料

为促进仔猪生长及减少断奶后采食饲料的不适应性,仔猪1周龄时便可补料。方法是在干燥清洁的木板上撒少许乳猪料,3~4天后,当仔猪开始采食乳猪料时,便可采用食槽。每天要把剩余饲料弃掉,食槽清洗消毒后再用。

二、早期断奶技术要点

仔猪早期断奶是现代养猪生产中挖掘母猪生产潜能、提高养猪经济效益的有效措施。但是仔猪断奶后生长速度加快,对饲养管理要求比较高。因此,在整个哺乳和保育期均要实行配套管理技术。国外的规模化猪场一般都在仔猪出生21天后进行断奶,也有个别在出生后14天进行超早期断奶的,但国内规模化猪场一般都在28日龄断奶。研究认为,这一时期仔猪已经基本具备了采食意识,多采取高床饲养1周后进行同群转移的方式,这样可以最大限度地减少仔猪的断奶应激,实现母猪的快速循环,达到利润最大化。

(一)圈舍要求

在母猪圈舍内分别隔出补料间和保温间,两间只允许仔猪自由出入。尽量采取前期断奶不转群的方式,减少环境变化对断奶仔猪的影响。

(二)保 温

仔猪在整个哺乳期要注意保温。舍温不能低于25℃。仔猪对温度变化较为敏感,若周边环境温度发生突然变化,可引发腹泻等不良反应。

(三)补食补水

断奶后的仔猪生长非常迅速,在2~4周龄时,母乳所提供的营养物质已不能满足其生长需要,故要开始补料。同时,补饲能减少断奶后饲料转换应激。因此,哺乳仔猪在5～7日龄要进行诱食训练。每天上、下午用全价仔猪颗粒料或自配饲料抹在仔猪嘴内,让仔猪习惯后自行在补料间采食。补料次数:5～7日龄仔猪人工强制性驯料每日2～4次,上下午各驯1～2次;以后将料放在补料间,上、下午各补饲2小时。

由于哺乳仔猪本身需水量较大,加之5～7日龄开始补料,易口干舌燥,所以从3日龄起应设置仔猪饮水槽(器),供给清洁饮水,使仔猪随渴随喝。

(四)抓旺食

哺乳仔猪开食上槽后,随着消化功能的逐渐完善,体重增加,采食量也不断提高,此时是促进仔猪生长的关键时期。抓好仔猪的旺食,除白天加强补饲,增加饲喂次数外,凌晨1时左右再加喂1次。采用全价仔猪颗粒料,若是自配饲料应添加一点猪脂肪(油),每天每头25克,以增加饲料的香味,增强适口性,提高采食量。

(五)做好卫生防疫工作

随时注意圈舍清洁卫生,定期进行消毒。在饲料中添加助消化、防病药物。早期断奶仔猪最易发生消化不良而引起细菌性腹泻,对此,除在断奶期间控制饲料的饲喂量外,还应在饲料中投入抗菌药物。如在仔猪料中添加四环素或土霉素,每100千克饲料中添加2～3千克,连续4～5天;或断奶前在母猪饲料中添加小苏打,即在母猪产后第一天在其日粮中按每日30克分2次拌入饲料中,既能提高饲料的适口性,使母猪采食量增加,又能防止仔猪白痢病和母猪"产后不食综合征"。

(六)做好免疫工作

为了防止猪瘟病毒的感染,在仔猪产出后进行猪瘟弱毒疫苗免疫。仔猪每头肌内注射猪瘟弱毒病疫苗 1 毫升,注苗后半小时即让仔猪吮吸初乳。这种免疫方法可以克服母源抗体的干扰,使仔猪尽早获得主动免疫,保护哺乳仔猪不受猪瘟病毒感染。

(七)注意断奶体重

一窝仔猪体重均匀整齐,可一次断奶,如个别仔猪瘦小,可将其放在个体大小相似的未断奶仔猪群中哺乳一段时间后再断奶。

(八)预防咬尾、咬耳等不良习惯

在饲喂全价饲料,温、湿度合适的情况下,仍可能有互咬现象,这也是仔猪的一种天性。在圈内吊上橡胶环、铁链及塑料瓶等让它们玩耍,可分散注意力,减少互咬现象。

三、断奶仔猪的饲养管理

断奶仔猪是生长仔猪发育最强烈、可塑性最大、饲料利用率最高、最有利于定向培育的重要阶段。仔猪断奶后营养需要发生改变,由吃液体母乳改为采食固体饲料;其次是生活环境的改变,从依附母猪的生活改为完全独立生活,容易受病原微生物的侵染而患病。因此,这一阶段的中心任务是保证仔猪的正常生长发育,减少和消除疾病的侵入,提高断奶仔猪的成活率,获得最好的日增重,为肥育猪生产奠定良好的基础。

(一)饲喂方法

断奶仔猪处于强烈的生长发育阶段,各组织器官需再进一步发育。母乳极易被仔猪吸收,而断奶后所需的营养物质,完全来源于饲料,因此断奶仔猪对饲料的消化性和适口性要求非常高。高消化性的原料组方和最科学的药物添加,能有效防治仔猪腹泻,保持仔猪快速生长。仔猪断奶 7 天内,投放饲料应少量多次,每天 4～6 次,细心护理。断奶当天不可喂料,第二天开始喂料,并逐渐增加,同时拌入"止痢散"防止因暴食而腹泻。

(二)生活环境

断奶仔猪的最适宜舍内温度为 22℃～25℃,空气相对湿度为 65%～75%。发现仔猪扎堆,说明温度过低,需要采取保温措施。若夏、秋季气温过高,超过 32℃,应采取淋浴降温或排风扇通风降温。断奶仔猪尽量按原窝分群,适当调整大小,较弱的集中一栏,加强护理。

(三)药物保健

断奶后每周用高效消毒剂,如戊二醛对猪舍进行 2 次带猪消毒,以降低病原微生物数量,减少疾病发生。断奶后第四周开始,在饲料中添加高效驱虫剂,如伊维菌素粉,以驱除体内外寄生虫(1 吨饲料添加 1 千克,连喂 7 天)。

(四)预防免疫

规模化猪场应根据当地的实际情况,确定适合本场的最佳免疫接种方法和免疫程序,并制订综合防治方案和驱虫方案。一般仔猪 60 日龄注射猪瘟、猪丹毒、猪肺疫和仔猪副伤寒等疫苗,现在有三联苗或五联苗;断奶后 1 个月左右,普遍进行 1 次驱虫。若发生疫病或怀疑发生疫病,要做到早发现、早诊断、早治疗,把损失降低到最小。

第四节　生长肥育猪的饲养管理

猪肥育的最终目的是使养猪生产者以最少的投入,生产出量多质优的猪肉供应市场,以满足广大消费者日益增长的物质需求,并从中获取最大的经济利益。为此,生产者一定要根据猪的生理特点和生长发育规律,组织生产。按肥育猪的体重将其生长过程划分为两个阶段,即生长期和肥育期。

一、生长肥育猪的生理特点和发育规律

(一)生 长 期

体重 20～60 千克为生长期。此阶段猪的机体各组织、器官的生长发育功能不很完善,尤其是刚刚 20 千克体重的猪,其消化系统的功能较弱,消化液中某些有效成分不能满足猪的需要,影响了营养物质的吸收和利用;并且此时猪的胃容积较小,神经系统和机体对外界环境的抵抗力也正处于逐步完善阶段。这个阶段主要是骨骼和肌肉的生长,而脂肪组织的增长比较缓慢。

(二)肥 育 期

体重 60 千克至出栏为肥育期。此阶段猪的各器官、系统的功能都逐渐完善,尤其是消化系统有了很大发展,对各种饲料的消化吸收能力有很大改善;神经系统和机体对外界的抵抗力也逐步提高,逐渐能够快速适应周围温度、湿度等环境因素的变化。此阶段猪的脂肪组织生长旺盛,肌肉和骨骼的生长较为缓慢。

二、生长肥育猪的饲养管理技术

(一)饲养方式

饲养方式可分为自由采食与限制饲喂两种。自由采食有利于日增重,但猪体脂肪量多,胴体品质较差。限制饲喂可提高饲料利用率和猪体瘦肉率,但增重不如自由采食快。因此,一般前期采用自由采食,后期为了获取更加理想的胴体瘦肉率可以采取限制饲喂技术。

(二)饲料品质

饲料品质不但影响猪的增重和饲料利用率,而且影响胴体品质。猪是单胃杂食动物,饲料中的不饱和脂肪酸直接沉积于体脂,使猪体脂变软,不利于长期保存。因此,在肉猪出栏前2个月应该用含不饱和脂肪酸少的饲料,防止产生软脂。

(三)分群技术

要根据猪的品种、性别、体重和吃食情况进行合理分群,以保证猪的生长发育均匀。分群时,一般掌握"留弱不留强"、"夜合昼不合"的原则。分群后经过一段时间饲养,再随时进行调整分群。

(四)调教与卫生

加强猪的调教,使其养成"三点定位"的习惯,即猪吃食、睡觉和排粪尿地点固定,这样能够保持猪圈清洁卫生,有利于垫土积肥,减轻饲养员的劳动强度。猪圈应每天打扫,猪体要经常刷拭,既减少猪病,又有利于提高猪的日增重和饲料利用率。

(五)防寒与防暑

温度过低时,猪用于维持体温的热量增多,使日增重下降;温度过高,猪食欲下降,代谢增强,饲料利用率也降低。因此,夏季要做好防暑工作,增加饮水量,冬季要喂温食,必要时修建暖圈。

(六)去势、驱虫与防疫

猪去势后,性器官停止发育,性功能停止活动,猪表现安静,食欲增强,同化作用加强,脂肪沉积能力增加,日增重可提高7%～10%,饲料利用率也提高,而且肉质细嫩、味美、无异味。在催肥期前驱虫1次,驱虫后可提高增重和饲料利用率。按照一定的免疫程序定期进行疾病预防工作,注意疫情监测,及时发现病情,迅速给予诊治。

(七)防止肥育猪过度运动和惊恐

生长猪在肥育过程中,应防止过度的运动,特别是激烈地争斗或追赶。过度运动不仅消耗体内能量,更严重的是容易使猪患上一种应激综合征,突然出现痉挛,四肢僵硬,严重时会造成猪只死亡。

第六章　规模化猪场生物安全控制技术

现代规模化猪场的综合性疾病防治体系,是一个涉及多方面的、需要多种专业人才参与的、多项措施并用的综合防疫网络。包括隔离(场址选择、场内布局、全进全出生产系统、隔离设施、隔离制度)、消毒(物理消毒、生物消毒、化学消毒)、防杀内外寄生虫(蚊、蝇、螨、线虫等)、灭鼠、诊疗、免疫、药物预防等基本措施。

第一节　生物安全技术

一、生物安全定义

生物安全是一个综合性控制疾病发生的体系,即将可传播的传染性疾病、寄生虫和害虫排除在外的所有有效安全措施的总称。控制好病原微生物、昆虫,并使畜禽有好的抗体水平,在良好的饲养管理和科学的营养供给条件下,发挥出最大的遗传潜力,产生最大的经济效益。

二、生物安全配套技术

生物安全不仅是预防传染因子进入生产的每个阶段或场点及猪舍内所执行的规定和措施,还包括控制疾病在猪场中的传播、减少和消除疾病的发生等。畜禽的生物安全管理策略,是尽可能减少引入致病性病原体的可能性,并且从环境中去除病原体,是一种系统的连续的管理方法,也是最有效、最经济的控制疫病发生和传播的方法。具体内容包括:环境控制,人员的控制,猪生产群的控制,饲料、饮水的控制,对物品、设施和工具的清洁与消毒处理,垫料及废弃物、污物处理等。

(一)环境控制

各阶段猪舍由上风向到下风向依次安排为:

配种舍→妊娠母猪舍→产房→带仔母猪舍→保育舍→育成舍→肥育舍→出猪台

实行隔离饲养。猪舍配备通风换气、保暖设备。场内净道、污道不交叉。

(二)实行严格的隔离、消毒制度

出入生产场所的运输车辆必须经过严格的清洗和消毒。生产区间内的运输工具要做到及时清洗消毒。不能将场内的运输工具拿到场外使用。出入猪舍人员须严格消毒。猪舍内设备专用并定期消毒,加强饲养管理,定期消毒、杀虫、灭鼠、驱虫及定期对畜禽舍环境、饲料、饮水检测将有助于减少疾病传播;对发病和死亡的畜禽,应进行严格的处理,防止疫病扩散;饲养环境质量监测(在病原微生物污染监测同时兼顾有害气体的监测);并根据群体的实际抗体效价,结合本场流行病的特点,制订合理的免疫程序。

严格限制人员、动物及运输工具的流动和进入养殖场,杜绝外来人员的参观;本场内各猪舍的饲养员禁止互相往来;技术人员进入不同猪舍要更换衣物,严格消毒,加强卫生消毒,是防制交叉感染的关键。

(三)猪生产群的控制

选种前必须做好疾病检测,严格检疫,确认"无任何疫病",特别是对布鲁氏菌病、伪狂犬病、繁殖与呼吸综合征等重要的传染性疾病,检测通过放置隔离区进行隔离观察,合格后方可入场。

(四)饲料、饮水控制

饲料和饮水符合卫生标准。饲料原料及成品来自非疫区。饲料、饮水中添加的药物、饲料添加剂须符合国家规定。防止生产、运输环节的污染。

三、现在国外实行的主要生物安全措施

(一)全进全出

采取全进全出,批量生产。越来越多的养殖场采用这种饲养方法,尽可能做到相近日龄范围内的畜禽全进全出。只要没有新引进猪群,在一定时间内出完,也算全出。全进全出并不强调一场一地的大规模全进全出,强调的是一栏或一舍的全进全出。养殖户很多时候为了资金的周转而做不到全进全出,所以每次购进外来猪时,尽量做好检疫和防疫、隔离、消毒工作。

(二)早期断奶技术

有加药早期断奶和早期隔离断奶技术,通过加药早期断奶,将母猪和肉猪的免疫和给药结合起来;进行早期隔离断奶,并按日龄进行隔离饲养。应根据猪群健康情况制定免疫和加药计划。

(三)多点生产

即采取在两地生产,配种、妊娠、分娩和哺乳在一地,育幼、生长在另一地;有的三地生产,配种、妊娠、分娩和哺乳,然后集中在一起育幼,生长肥育又在另一地。养猪生产最常用的是三地生产模式,即各地相隔几千米至几十千米。

第二节　猪群保健

一、正常生命体征

猪的正常生命体征是直肠温度 $39.2℃$（$38.7℃$~$39.8℃$），心率 70~120 次/分，呼吸频率 32~58 次/分。明显或长期偏离这些正常值可视为健康不佳或应激的一种表现。传染病最先引起注意的是机体的体温升高，但在测量体温的同时必须有当时的环境温度、运动、兴奋因素、年龄、饲料等记录。在气温下降、年龄较大、傍晚时体温较低。在耳的前轮或尾根处测定心率（心跳），也可以将手掌放在左肘和胸侧之间测定。猪的年龄越小、越敏感，则心跳就越快，在运动、兴奋、采食消化和较高的外界温度时心跳也会加快。将手放在腹部，观察腹部的起伏，或在冬季通过观察鼻孔呼出的白气来确定呼吸次数（呼吸频率）。刚做完运动、兴奋、天热或舍内通风不良而引起的呼吸加快，不要与生病时的呼吸频率加快相混淆。在疼痛和发热的情况下呼吸也会加快。

二、生活周期群体保健

为了保证养猪生产的顺利进行，在群体育种、饲喂和管理上必须采取保健、预防并重和控制寄生虫等措施。猪群保健的基本原理和目标尽管一致，但应用却随着猪群体中个体数量的增加而改变，体现了较高的集约化和复杂性。因此，出现了两种发展态势：大规模种猪场数量增加；其他种猪场为商品猪场提供种猪的生产和销售。两种提高群体健康的管理技术是早期断奶和分段饲养

（全进全出）。这两种技术往往结合起来应用。先将早期断奶的仔猪分离出来，然后采取全进全出制，以其断奶的仔猪从断奶到出栏均同群饲养，减少了群体变化导致的应激。

三、卫生环境与健康

（一）一般措施

必须采取下列日常措施，保证猪只有一个卫生的环境。

每天消除猪舍粪便，带仔母猪的栏或圈每天清洗 2 次。

设计合理的排污沟利于保持猪圈干燥，并于沟内安装防臭阀。

猪粪堆于猪舍下风口，专车、专路装卸。

饮水槽、饮水器应定期清洗，饲养用具应保持清洁，不得串用。

每个单元尽量做到全进全出，以便彻底清扫和消毒。

饲喂通道、饲料仓库、墙壁、窗户应定期清扫。

墙壁、天花板和分区隔板应使用光滑材料，以易于清扫和消毒。

高压除尘器可简化清扫工作并节省时间。

猪舍外道路应硬化地面以防泥沙被带入猪舍。

（二）母猪进产房前方案

1. 母猪与仔猪的健康方案 健康方案记在分娩卡上（附表）。在生产中，实际情况常常与书面描述的有出入，应据实记录。以下规定猪场应认真遵守。

母猪应于预产期至少 5 天前进入产房；

母猪也可更早进入产房，这时整个清洗、杀虫方案可提前进行；

在第一次和第二次清洗皮肤之间相隔 7 天；

在驱虫和第二次清洗皮肤（经肥皂清洗后寄生虫应已离体）之

间至少相隔 3 天；

母猪第二次清洗皮肤后应立即进入产房；

至少在预产期前 2 天开始减少母猪饲料喂量；

母猪是否再配种应在断奶时决定，因此应仔细观察年龄、体型结构、生产性能。

2. 配种至分娩之间的健康方案 见表 6-1。

表 6-1 配种至分娩之间的健康方案

天　　数	应采取的行动
0（－112）	配种后减少母猪的饲料至正常水平（约 2 千克/天）
21（－91）	检查母猪是否发情（3 周检查）
28～35（－84－77）	妊娠检查
42（－70）	6 周检查，每 2 周（至少）还应检查营养状况
82（－30）	增加饲料 0.5～1 千克/天（妊娠补饲）
102（－10）	第一天皮肤处理，药物清洗皮肤
105（－7）	驱　虫
109（－3）	用肥皂清洗母猪，第二次皮肤处理，将母猪安置在经过消毒和适当调节的产房
112	分娩前几天可将饲料减至 2 千克/天
112～118	检查分娩准备工作是否到位，专人 24 小时值勤观察母猪状态

＊ 注：括弧内数字是距离分娩剩余天数

3. 分娩后的健康方案（产房猪群保健） 见表 6-2。

表 6-2 分娩后的健康方案

天 数	应采取的行动
0	消毒脐带,必要时去齿切尾,称量仔猪
0～3	仔猪补铁(有时还需补维生素 A、维生素 D、维生素 E)
5～7	给仔猪另加饲料和(或)添加剂(铁)及饮用水
7～21	母猪接种预防猪丹毒疫苗
0～14	公仔猪去势(疝留待以后处理)
21～28	称量仔猪重量
21～70	断奶时间取决于管理水平
31～80	对不发情母猪注射激素,通常断奶后 10 天以上仍不发情者可注射激素(高产母猪不注射)

第三节 规模化猪场免疫

规模化猪场的免疫程序制订必须科学合理、不能生搬硬套,对一种传染性或侵袭性疾病的免疫必须与传染病的流行病学和疫苗的特点相结合,制订符合本场实际情况的免疫程序。

一、规模化猪场免疫程序的制订

制订免疫程序首先考虑的是了解猪场周围一定区域内以往及目前疫情流行的情况。传染病流行的一定区域内,易感猪会受到影响,制订免疫程序时必须将当地经常流行、危害性大的疫病列入重点免疫范围。对某些未查清流行情况的新病必须谨慎,不能盲目使用疫苗,以免暴发该病。

(一)制订科学免疫程序,必须以实验室数据为基础

猪只免疫与其体内母源抗体水平有关,母源抗体水平高,会干扰疫苗的免疫作用,只有当母源抗体下降到一定水平,使用疫苗才能充分发挥作用。当前猪瘟免疫失败就与母源抗体水平有密切关系。据王宝琴(1982)报道免疫母猪所生仔猪在 7 日龄免疫,65～75 日龄攻毒全部死亡,15 日龄注射疫苗,67 天时能保护 50%,30、40 日龄注射疫苗,71 日和 104 日龄攻毒 3/4 以上得到保护。四川省兽防站测定,免疫母猪所生仔猪在 20 日龄免疫,3 月龄攻毒只保护 50%;50 日龄注射疫苗,8 月龄攻毒还能保护 75%,9 月龄保护 50%,可见母源抗体水平与免疫有密切关系。

仔猪出生后 10～14 天内其抵抗力主要从初乳中获得,仔猪采食初乳后血液中 IGg 水平在 12～24 小时达到高峰,并在仔猪体内保持较长时间。据高瑞伦(1984)检测了 536 头仔猪,1～2 日龄保持母源抗体者占 62.5%;3～4 日龄保持母源抗体者占 36.8%(其中 20% 的猪在 1：32 以上);5～6 日龄保持母源抗体者占 18.7%;7～8 日龄保持母源抗体者占 5%。因此,监测猪群母源抗体水平是制订猪场免疫程序的最根本依据。

(二)把好疫苗质量关

首先要选择正规渠道。选购的疫苗产品要有批准文号、有效日期和生产厂家,同时确保疫苗的来源稳定,不能频繁更换疫苗。另外,疫苗厂家提供的产品须有使用说明,必须根据其特性进行免疫,合理的免疫途径可以刺激机体快速产生免疫应答,否则可能导致免疫失败和造成不良反应。

(三)正确把握疾病流行特点

目前猪的传染病种类多、流行快、分布广,旧的疾病还未得到有效控制,新的疾病又不断涌现出来,如现今流行的非典型猪瘟、圆环病毒Ⅱ型、猪副嗜血杆菌、附红细胞体等,并且常常是几种疾

病并发,使规模化猪场疫病风险增大,给防治工作带来很大的困难。

据近年来猪瘟的流行和发病特点来看,其流行形式已从频发的大流行转为周期性、波浪式的地区性散发为主,通常 3～4 年为 1 个周期,疫点显著减少,多局限于所谓"猪瘟不稳定地区"的散发性流行。发病特点也出现了变化,出现了持续性感染、胎盘感染、妊娠母猪带毒综合征,在制订免疫程序时必须考虑这些新特点。

二、种猪场的防疫措施

猪场的布局做到办公区、生活区、生产区分离,最好三区间设有隔离带,有污、净道之分。

猪场入口应有门有锁,车辆走消毒池,人员换鞋、洗手、消毒方可进入,来宾须严格执行消毒程序方可进入,一般情况不允许来宾进入猪舍。

从场外购进种猪时必须确认它们购自无疫病猪场,车辆司机亦不得接触种猪,新购种猪应置于隔离区至少 4 周并确认健康后与本场部分断奶仔猪混养。

肥育猪应采取全进全出制。

猪出售时任何陌生人都不得进入猪舍,可由猪场工人将猪运至车上,甚至大路上。在较大猪场,最好设置专用交易猪圈,运猪车辆只能走污道。

猪场内部猪群(尤其是肥育猪)的转移应受到严格限制,否则疫病可能从一区传到另一区。

来自配种站的公猪极易传播疾病,应对它们做正规检查,大型猪场最好自己养公猪。人工授精要严格遵守操作规程,器具消毒。

饲料应以可弃置材料(纸袋或塑料袋)包装或散装。

尸体应尽快埋掉或运走,禁止犬、獾、苍蝇接触死亡牲畜。尸体解剖应尽快完成,结束后装入密封塑料袋。较大猪场最好使用易封闭的贮运罐装运尸体。

病猪应与健康猪分开,在病猪隔离区饲养。

消灭猪场鼠患虫害,清洁卫生是防止虫害发生的重要因素。

做好各生产单元的清扫和消毒工作。

三、规模化猪场推荐基础免疫

(一)母猪、后备母猪

1. 猪瘟 母猪在分娩后 1～3 周免疫接种 1 次;后备母猪在配种前 2 周免疫接种 1 次。

2. 细小病毒 母猪在分娩后 1～3 周免疫接种 1 次,每年至少免疫接种 1 次;后备母猪在配种前 2 周免疫接种 1 次。

3. 伪狂犬病 母猪在分娩后 1～3 周免疫接种 1 次,每年至少免疫 2 次,如果是感染场,每年至少免疫 3 次。

4. 猪丹毒 母猪分娩后 1～3 周接种猪丹毒苗,每年至少免疫 2 次,注意绝不能在母猪妊娠时免疫接种;后备母猪在 6～7 月龄、配种前 2 周接种猪丹毒苗。

5. 萎缩性鼻炎 母猪分娩前 6 周和前 2 周时,分别接种 2 次疫苗。

6. 大肠杆菌 母猪妊娠 90 天时接种大肠杆菌苗;后备母猪妊娠 60 天和 90 天时分别接种大肠杆菌苗。

(二)公 猪

1. 猪瘟 每年春、秋两季分别接种猪瘟疫苗。

2. 伪狂犬病、猪丹毒 从 6 月龄开始,每隔 4 个月分别免疫接种 1 次伪狂犬疫苗和猪丹毒疫苗。对于猪丹毒疫苗,给 6 月龄大的公猪接种之后,间隔 4 周后再接种 1 次,以后每隔 4 个月接种

1次。

(三)断奶猪和肥育猪

1. 伪狂犬病　仔猪10～12周龄接种1次伪狂犬疫苗,间隔4周后再接种1次;留作种用的仔猪,每隔4个月免疫1次。

2. 猪瘟　仔猪出生后30天和60天,分别接种猪瘟疫苗。

3. 猪丹毒　仔猪在10～16周龄分别注射2次,建议仅在爆发高峰时接种,留作种用的仔猪,在12～16周龄,按照母猪的免疫程序进行接种。

4. 猪肺疫　仔猪在10～14周龄接种1次猪肺疫苗。

(四)口蹄疫

每年3月份、9月份和12月份分别进行全群口蹄疫疫苗接种。

(五)日本乙型脑炎

建议春季对种公猪和后备母猪进行日本乙型脑炎疫苗免疫1次。

第四节　规模化猪场常见疾病防控

规模化猪场的常见疾病包括传染性疾病、寄生虫病、繁殖障碍疾病及代谢性疾病等,现阶段规模化猪场的兽医工作已由传统的诊断、治疗变为以预防为主,对疾病进行检测和诊断,除价值高的种猪外均不做治疗。因此,必须牢固树立"预防为主"的方针。

一、猪的无名高热综合征

发热是恒温动物在致热原的作用下使体温调节中枢的调定点上移,将体温调节到高于正常的相应水平,它往往是体内疾病过程发展的"信号"。发热通常不是独立的疾病,而是许多疾病、尤其是传染病和炎性疾病中的重要病理过程,是一种常见的临床症状。在病理状态下,导致发热的物质分为外源性(如细菌内毒素、病毒等)和内生性(如肿瘤坏死因子、干扰素等)致热源,这些不同物质均可作用于脑部体温调节中枢,导致动物机体发热。高热型发热时比正常体温高 3℃～4℃,猪健康状态下直肠温度为 38.5℃～39.2℃。因此,凡在疾病状态下直肠温度达 41.5℃以上的病猪,均可认为发生了高热性疾病。

(一)高热病内涵

我们认为应包含以下三点涵义,即所有猪群发病都有高热特征;病因不明;并非一种独立的疾病,是多种病因(或病原)共同作用于猪只机体的结果,或不同猪群病因不同。同时还出现其他各系统的征候,如呼吸困难、消化道紊乱等,因为征候群即"综合征",因此我们认为宏观上讲更合理的命名应是猪的"无名高热综合征"。一般以最可能的病因进行命名,如猪瘟(HC)、蓝耳病(PRRS)、猪瘟合并附红细胞体病等。这样,既能给病猪群一个清晰的诊断结果,又便于对病猪进行有目的的防治。

(二)病　因

经过多年的综合性分析,认为病因应该与气候、病原因素呈高度强相关,病原包括猪瘟(HC)、霉菌感染及毒素中毒(MITT)、流感(SIF)、繁殖与呼吸综合征(PRRS)、气喘病(M. H)、附红细胞体病、其他病原。其他病原包括伪狂犬病、弓形虫病及其他继发的细菌性疾病,如传染性胸膜肺炎、肺疫、萎缩性鼻炎、大肠杆菌感染、链球菌感染等。

(三)猪高热性疾病的基本防治策略

猪的高热性疾病,病因复杂,各猪群发病的病因与程度各不相同。有效控制这类疾病的措施包括:细化养猪生产方案;不盲目引猪;培育低感染率后备猪;降低饲料中霉菌毒素含量。以 HC 和 PRRS 为主要疫病预防与控制方向。

二、呼吸道综合性疾病

猪的呼吸道疾病在猪病中所占比例很大,业界又将这类疾病称为"猪的呼吸系统综合征"(PRDC),又称为猪的"呼吸道混合感染"或"猪的呼吸道复合征"。鉴于该类疾病有逐年上升的趋势,养殖场应更加注重该综合征的防治。

(一)病　因

呼吸系统是疾病入侵机体最重要的开放式门户,当病原体侵入呼吸道或环境恶劣时,都会导致呼吸系统的损伤。猪的呼吸道疾病病原学复杂,涉及饲养管理、气候乃至遗传等诸多诱因的影响,需要针对不同的病因运用不同的防治方法。

(二)预　防

1. 改进育种方式　培育抗病力强的品种是当前选育的一个方向。例如,由现有的终端杂交繁育体系变为轮回杂交或终端轮回杂交繁育体系,以提高抗病力、避免杂种劣势和某些疾病的引入(如萎缩性鼻炎和蓝耳病)。

2. 加强饲养管理　使猪群尽可能处于一个舒适的环境中。尽量使其所处环境中的各种条件接近标准化,包括饲喂、饲料、通风、降温与保暖、湿度、饲料质量、空气质量、日常消毒等。

3. 制订合理的免疫程序　对每次发生 PRDC 的猪群要尽可能确诊,以期杜绝之。对有条件的猪场,定期进行不同亚群 PRDC 相关因子的血清学检测,以期制订合理的用药程序、免疫程序。如 PP 疫苗、PRDS 疫苗、气喘病苗、传染性萎缩性鼻炎菌苗等的使用。

4. 控制寄生虫　寄生虫幼虫(主要为线虫)移行过程会对肺脏造成严重的损伤,从而诱发 PRDC。依猪群具体情况制定一个合理的驱虫计划十分必要。

三、猪繁殖与呼吸综合征

猪繁殖与呼吸综合征病毒(PRRSV)是猪的呼吸系统复合征最重要的病原,也是"猪繁殖障碍性疾病"中最主要的病原之一,作为 2006—2007 年猪"高热病"流行期间一种最可能的病原,受到越来越多的关注。

(一)病原特性

PRRSV 属尼多病毒目,动脉炎病毒科,动脉炎病毒属,为单股、不分节段、正链、有 $5'$ 端帽状结构和 $3'$ PolyA 尾的 RNA 病毒,分为 2 个基因型,即以 ATCC VR-2 332 株为代表的北美洲型和以 L 株为代表的欧洲型。

(二)流行趋势

当前,我国猪群普遍感染 PRRSV,猪群感染率高,持续带毒,流行范围广,国内研究者分离到的多数毒株在遗传学上与美洲株接近,具有美洲型缺失变异株基因组的特点,并可能同一地区的流行株在进化遗传树上分属数个不同亚群。

但现实中,欧洲型与北美洲型 PRRSV 毒株已同时在我国猪群中存在,并呈区域性流行。国内猪场潜伏感染欧洲型 PRRSV 与欧洲型 PRRSV 弱毒疫苗的使用密切相关,并在浙江宁波、福建检测到欧洲型 PRRSV,其基因序列与国内使用的 AMERVAC—PRRS/A3 弱毒疫苗株序列具有极高的同源性。因此,有理由相信,国内部分猪场存在的欧洲型 PRRSV 来源于 AMERVAC—PRRS/A3 弱毒疫苗株。

（三）防治策略

1. 充分了解猪群健康状态　运用各种诊断方法，充分掌握猪群中各亚群主要疫病病原感染情况，对免疫不合格者要及时补免，对反复免疫不合格者要及时查找免疫失败的原因，并通过病史记录，界定流行于猪群中的病原属于强毒株、中强毒株还是弱毒株，依流行于猪群中的主要病原致病特性来制订有针对性的防控措施。对于 PRRS，因血清抗体水平不能反映出野毒感染情况或疫苗免疫效果，更不能区分经典毒株或变异株。因此，定期采样进行病原学检测很有必要，若结合猪群生产性能，便可对猪群中 PRRS 感染状态及预后进行科学全面的评价。

2. 实施标准化管理　标准化饲养管理的基本点包括：①保持猪群生长环境相对恒定。如肥育猪温度在 14℃～26℃、空气相对湿度 50%～70%。②合理的密度。③饲料营养全价，霉菌毒素不超标。④舍内空气中飘浮的尘埃与毒素颗粒保持在低水平，保温与通风相结合。⑤没有贼风和超标的有害气体（如氨气、硫化氢等）。⑥建筑设计要合理，冬暖夏凉，冬季保暖效果好，避免地面粗糙、泥泞、潮湿。⑦控制寄生虫。⑧制订合理的免疫程序。⑨有条件的规模化猪场要建立"次级病猪场"。⑩单元式、全进全出式饲养。⑪闭锁式或半闭锁式育种。⑫强化技术人员与饲养人员的素质与责任心。

3. 引猪要格外慎重　引猪前，尤其是从国外引进，要充分调查所购猪群的近期情况，不要受价格因素的左右。引入后要分群饲养，种猪要进行 1.5～2 个月的并群前隔离与驯化，在此期间应对引进猪进行 2～3 次病原学或血清学检测。

4. 强化人工授精站的疫病监测　精液带毒现象不容忽视，它已成为 PRRSV 传播中的一个重要途径，"公猪好，好一坡"的优势可能会变成一头带毒公猪感染多头母猪的恶果。因此，应定期对人工授精站的种猪及其产品进行病原学检测。

5. 科学使用疫苗　PRRSV 的易变性、多毒株同时存在是疫苗免疫效果不确定的原因。该病毒具有超强逃避或调控机体免疫监视的能力，使现有疫苗难以形成效力保护，体液免疫产生的保护性抗体要延迟 4～6 周，其原因有二：①多糖侧链的遮蔽机制。②诱骗表位诱导产生的非中和抗体和感染初期产生的 N 蛋白抗体一同发挥的抗体依赖增强作用（ADE）；细胞免疫反应的产生也将在感染后第四周才可检测到。由此来看，单凭某类疫苗完全控制 PRRS 发生的效果并不理想。

国内猪群主要以常规疫苗对猪群进行免疫，包括灭活疫苗及不同来源的弱毒疫苗，而各类基因工程苗均尚处于研究阶段。灭活疫苗安全，但产生的免疫力较差，激发的免疫反应不完全；弱毒疫苗虽然激活的免疫反应较完全，能模仿自然感染状态，但潜在毒力返强问题，加之残存毒力仍有可能会对亚健康状态猪群造成肉眼可见病变的现实，让更多有识之士更加慎重地评价使用此类疫苗的利弊。对此，规模化猪场免疫程序的确定要依本场猪群各亚群发病特点进行，不能盲目地"一刀切"。

6. 积极防控共感染疫病　研究表明，其他病原的协同作用导致了 PRRSV 病情进一步加重，如具有免疫抑制作用的病原（HCV、PRV、Ⅱ型圆环病毒、支原体等）、继发于 PRRS 的病原（如副猪嗜血杆菌感染、传染性胸膜肺炎），因此做好 HC、PR、Pms 的免疫、通过添加药物或免疫来控制细菌性病原的传播，有条件的猪场定期进行主要疫病免疫效果检测，查找免疫漏洞，可明显降低 PRRSV 带来的损失。

7. 药物性治疗　发生 PRRSV 后，当先依农业部颁发的"高致病性蓝耳病防治规范"进行判断，凡发生高致病性 PRRSV 者，要按"规范"进行处理。

四、猪的繁殖障碍性疾病

"母猪繁殖障碍性疾病"又称"繁殖障碍综合征",其可能出现的症状有:①母猪乏情、返情、屡配不孕、安静发情。②妊娠母猪流产、产死胎、产木乃伊胎、产畸形胎儿、产弱仔、少仔。③母猪妊娠期或分娩前后厌食、体温持续升高(但与生产时肌肉持续收缩产能的体温升高有区别)、便秘、生产时间过长(甚至在3～7天内间断产仔)。④所产仔猪因先天性感染,在哺乳期或断奶后出现神经症状、腹泻、体温升高、死亡率高等异常情况。⑤公猪睾丸炎、精液品质不能达到应有标准;母猪子宫炎。

(一)病 因

导致猪发生繁殖障碍性疾病的因素,可分为非传染性和传染性致病因素。非传染性猪繁殖障碍性疾病主要是生殖器官畸形、功能障碍以及饲养管理等因素(如营养性繁殖障碍等)所导致;传染性繁殖障碍则主要是传染性因素,如病毒、细菌、螺旋体、衣原体等微生物引起。

(二)防 治

繁殖障碍性疾病的防治必须树立多学科共同协作的观念,应用全面的分析方法,对猪繁殖障碍产生原因进行彻底的分析,一方面必须从猪场所处的位置、栏舍的结构、种猪的引进等方面考虑对猪繁殖障碍性疾病的防治问题;另一方面,还必须从饲养学、营养学、生态学以及经营管理等方面进行剖析,不断总结经验教训,控制繁殖障碍性疾病的蔓延和扩散,最终逐步达到缩小甚至消灭繁殖障碍性疾病的发生。

五、仔猪腹泻

仔猪腹泻是集约化生产条件下常发的一种典型的多因素性疾病，是指1～3月龄仔猪以腹泻为主要症状的群发病，尤其在出生后3～7天以及断奶后10～15天内发生率相当高，是一个世界性的难题。仔猪腹泻是影响断奶仔猪生长的一个主要因素。在实际生产中，仔猪由于受到疾病感染、饲粮、环境、饲养管理等各种因素的影响，发生仔猪腹泻现象。早期断奶仔猪腹泻最常见，同时也是对仔猪危害最大的疾病。仔猪断奶后头7天腹泻发生率为0.6%，8～13天发生率为32%，14～17天腹泻发生率增至41.4%，22～28天腹泻降至8.4%，死亡率高达20%～30%，即使是耐受过来的仔猪，也会发育不良（形成僵猪的主要原因），影响仔猪日后生产性能的正常发挥，造成经济损失。

(一)病　因

仔猪腹泻可分为非传染性因素和传染性因素两大类，传染性因素包括病毒性因素、细菌性因素、寄生虫性因素，如猪瘟、伪狂犬病、猪轮状病毒感染、猪流行性腹泻、猪传染性胃肠炎、猪血痢、仔猪副伤寒、仔猪红痢、仔猪白痢、仔猪黄痢、蛔虫、球虫等；非传染性因素包括饲养管理、中毒等。

(二)防治措施

1. 适时断奶　从繁殖周期看，断奶越早越好。但在生产中，断奶越早往往发生腹泻较多。根据目前的生产条件和技术经验，工厂化猪场实行全进全出，平均28～35日龄断奶较适宜。

2. 早期补料　从仔猪7日龄开始抓紧早期补料，尽可能早开食，既有利增重，也促进消化器官发育，增强消化功能，减轻断奶后某些饲料对仔猪消化道的敏感刺激。研究表明，断奶后第一周的腹泻发生率与断奶前消耗的饲料量成反比。但早期补料要注意两点：一是饲料的适口性，二是仔猪补料要营养全价，易消化。

3. 调整饲料营养成分　仔猪断奶后腹泻的发生率随仔猪饲料中蛋白质含量的提高而增高。因为蛋白质是日粮发生超酸反应的主要抗原物质，降低蛋白质水平可减轻肠道的免疫反应。但是单纯降低仔猪饲料中的蛋白质水平势必影响增重。国外近期研究表明，提高赖氨酸水平、降低粗蛋白质水平既可减轻仔猪的消化负担，有利于增重，又可预防和减轻仔猪腹泻。

4. 饲喂添加剂　仔猪消化功能不健全，实质是"缺酸少酶"，可补喂添加剂予以补充，提高消化能力。

首先是添加有机酸。仔猪胃底腺不发达，缺乏产生足够胃酸的能力。断奶前胃内的酸性环境主要靠母乳中乳糖发酵产生乳酸维持的。断奶后形成乳酸的乳糖来源中断，胃酸的分泌量很少，胃内的 pH 值达到 5 或 5 以上。一般的玉米-豆饼型仔猪料的 pH 值在 6.1 左右，大肠杆菌需要的最佳 pH 值为 6～8，过高的胃肠 pH 值为大肠杆菌在肠道内繁殖提供了有利环境。当 pH 值低于 4 时，大肠杆菌生长速度降低，甚至死亡。在 42 日龄仔猪料中添加 0.7% 和 1% 的柠檬酸，仔猪胃中的 pH 值从 4.5 降到 4.2 和 3.5。饲料中添加酸化剂使胃内保持一定的酸度，可以激活消化酶，有利于有益细菌乳酸杆菌的繁殖，提高消化能力。

其次是添加消化酶，以弥补断奶后体内酶的分泌不足和活性降低，提高饲料消化利用率，防止消化不良性的腹泻，促进仔猪生长。

添加益生素。益生素是从畜禽肠道正常菌群中分离培养而得的有益菌种，其主要机制是在肠道内占位繁殖成优势菌群，抑制病原菌及有害微生物的生长繁殖，形成肠道内良性微生态环境。能增强机体抗病能力，减轻腹泻的发生，有利于断奶仔猪的生长发育。

添加高锌也是一项有效的新技术。断奶仔猪饲料中添加高锌可以提高增重、采食量和饲料利用率,并能有效地防止腹泻。国外资料认为,添加量以每千克饲料含锌量达 3 000 毫克为宜,饲喂高锌饲料以 2 周为限。

5. 提高舍温,并保持稳定 断奶仔猪对温度的要求是,体重 3.6～5.5 千克为 28℃,5.5～7.7 千克为 27℃,7.7～12.3 千克为 25℃,12.3～18.2 千克为 21℃。断奶时按日龄体重比断奶或规定温度提高 2℃～3℃,尤其在秋后,冬季和早春更有必要。试验证明,温度连续波动对仔猪断奶后第一周比随后几周的影响大,腹泻明显增加。

6. 药物治疗 断奶腹泻一般情况下死亡率很低,主要影响生长。治疗效果不稳定,治疗用药一是用抗菌药物,二是收敛药物,三是助消化剂。

第五节 影响安全猪肉生产的
主要因素及调控措施

畜产品安全,主要是禁止动物疫病和有毒有害物质在畜产品中的残留给人身造成的危害,以及对畜牧业发展造成的妨碍。畜产品安全是关系到人们健康和生命安全的大问题,近年来受到政府和消费者的高度重视。生产无公害猪肉,不仅仅是国内消费市场的需要,也是我国猪肉走出国门,占领国际市场的必由之路。我国作为世界养猪大国,猪肉生产和消费占全世界的 50％左右,而出口量还不到全球出口量的 5％,究其原因,主要还是在肉品安全方面存在一些问题。因此,发展绿色养殖,加强猪肉安全生产已成为当前养猪生产的首要问题。

一、安全猪肉生产的影响因素

(一)疫病特别是人兽共患传染性疾病

由于免疫程序、疫苗效价、免疫质量(漏免、假疫苗)或缺乏有效疫苗等问题,近年来猪瘟、猪流感、链球菌病、伪狂犬病、附红细胞体病等猪的传染病时有发生,尤其是猪瘟呈现上升趋势。如2005年四川的猪链球菌病爆发就引起了多人死亡和全国性恐慌;从2011年开始流行的"高致病性猪蓝耳病",已引起大量猪只死亡,严重影响了养猪生产者的积极性,并导致生猪市场的动荡。

(二)滥用兽药

某些兽药在猪出栏前1周使用后在屠宰时不能完全从猪体内清除,为避免残留,应严格遵守休药期。一些兽医在疾病防治时无的放矢,往往实施"大包围",一头患猪用多种抗生素和多种化学合成药,大量、无规的内服、注射和外用现象较为严重。有的利欲熏心者,更是边用药治疗边出栏上市,致使猪肉及内脏中兽药或有害物质残留超标。

(三)滥用药物性饲料添加剂

我国一部分养殖场(户)使用含药物添加剂的饲料很少按规定落实休药期,通常规定的7天休药期形同虚设。同时,大多数饲料厂不生产可供屠宰前用的不含药物添加剂的产品,屠宰场也没有养几天再宰杀的习惯。更有甚者,在饲料添加剂或饲料中超剂量或滥加兽药,甚至不在标签上标示所含药品名称和休药期;而有的养猪企业或养猪户缺乏合理使用兽药和饲料的知识,盲目用药,不按休药期的要求使用,从而造成猪肉产品的药物残留超标。个别人甚至还在饲料中添加违禁药品,如盐酸克伦特罗(又名"瘦肉精")、性激素(己烯雌酚、雌二醇)、镇静安眠药(如地西泮、甲喹酮等)及肾上腺素、呋喃类等国家明令禁止添加的药物,严重影响和威胁安全猪肉生产和人们的生命安全。

(四)饲料中超量使用微量元素和某些重金属元素含量超标的原料

由此造成猪肉和环境中微量元素和重金属元素含量超标。据调查,目前高铜添加剂、铬制剂和砷制剂等在饲料中的使用仍很普遍,造成肉品和环境中铜、铬、砷等大量蓄积,不仅影响肉质,还造成环境污染,影响养猪业的可持续发展,这尽管已经引起了人们的重视,但国家还没有明令禁止。

另外,使用受污染地区生产的卫生指标超标的饲料、污染的水源或发霉变质的原料喂猪造成猪肉中有毒有害物质和霉菌毒素等的蓄积。屠宰、加工、贮存、运输和流通等环节,特别是在高温季节,也可能对猪肉食品的卫生安全造成影响。生产者素质低,管理者监督、执法不严与检测手段滞后等也对猪肉食品的安全生产造成影响。

二、安全猪肉生产的调控措施

(一)要在全国范围内树立"安全第一,质量第一"的思想观念,增强安全质量意识

政府和舆论要加大无公害产品生产的相关标准制定或修订、宣传和引导力度,转变过去那种领导层只重数量、不重产品安全质量的观念,增强全民安全质量意识。只有这样,人人从思想意识上认识到质量安全的重要性,自觉抵制安全隐患,从思想源头上消除不安全畜产品的生产、流通和食用。

（二）积极发展无公害的标准化、规模化生产

传统、分散的生产方式，不利于控制生产产品的规格和质量，只有在规模化生产的情况下，才便于推行无公害的标准化生产方式，生产出无公害的标准化产品。因此，我们应大力发展适度规模的可控的现代化生产，引导养殖业按照《无公害食品　猪肉（NY 5029—2001）》标准组织生产。所有饲料、兽药生产企业也必须遵守《动物防疫法》、《饲料和饲料添加剂管理条例》和《兽药管理条例》，以及相关法律、法规。生产模式要努力与国际标准接轨，加强认证和卫生注册，这也是国际公认的动物源性食品进入国际市场的通行证。企业要积极搞好 ISO 9000 质量管理体系认证，ISO 14000 环境管理体系认证，HACCP 卫生质量管理体系认证，以及出口企业的卫生注册和无公害畜产品基地的国家认证等。从而促进畜牧业安全健康发展，保障消费者切身利益和身体健康。近年来饲料生产企业、养殖企业和食品加工企业联手开拓市场，进行全程监控，已经成为国际上安全食品生产的一大趋势，我国也有部分饲料和加工企业进行公司＋基地＋农户的生产模式，对产品质量的控制也取得了成功。

（三）加强疫病防治是确保猪肉安全生产的关键

生猪饲养全过程必须接受检验检疫部门的监管，建立健全疫病监测、控制与扑灭机制，并根据各地猪病流行情况，制定切实可行的兽医卫生防疫制度、猪传染病的疫苗免疫预防程序和猪寄生虫病的防治措施，预防猪传染病和寄生虫病的发生，保证猪肉产品的生物安全性。一旦发现疫病一定不能隐瞒，应立即采取严厉措施控制其传播，否则其影响和损失将更加巨大。

（四）保证饲料原料、饲料添加剂和饮水安全

尽管影响猪肉安全生产的因素较多，但通过饲料污染而导致猪肉不安全的可能性最大，因此把好饲料关非常关键。

　　饲料原料是安全饲料生产的第一个控制点。有些地区的植物性饲料原料在生长过程中由于受病虫侵害而大量使用农药防治,造成谷物产品的农药残留大大超标。据郭利敏(2006)报道,全国受农药污染的农田约 1 600 万公顷,主要农产品的农药残留超标率达 20%。由于我国在 20 世纪 80 年代前主要使用毒性很强的有机氯农药,它们在土壤、植物及整个农业生态系统中的残留会持续很长时间,并不断通过生物积累效应,因此在许多农产品中的有机氯及其衍生物仍有较高的检出率。另外,工业生产所排放的废水、废气对饲料原料污染也相当严重。目前大多数饲料厂在接收原料时由于受检测设备的限制,对农药残留和工业污染原料未加检测,这是安全饲料生产的一大隐患,应引起饲料生产者和养殖场的足够重视。

　　在饲料贮存方面,饲料原料水分含量是安全贮存的关键,尤其是一些刚收获的植物性原料,水分一般都达不到安全贮藏的标准,贮藏过程中原料极易受霉菌的污染产生大量霉菌毒素,且不易分解清除,使生产的饲料品质恶化。因此,需要改善原料的贮存条件和控制饲料原料的水分含量(安全水分在 12% 以下),尽可能减少霉菌的污染。尽管采用防霉剂控制霉菌孳生是一个有效的措施,然而防霉剂不能去除原料中已有的霉菌毒素。因此,如果不能在霉菌污染发生之前尽早地采取有效的控制措施,那么,生产出的成品饲料就可能存在霉菌毒素的污染。有些饲料原料具有天然有毒有害物质,如植物性原料中的生物碱、游离棉酚、单宁、蛋白酶抑制剂、植酸、有毒硝基化合物;动物性原料中的组胺、抗硫氨素等,以及受微生物污染的哺乳动物的血、脂、骨粉或肉骨粉等,而转基因饲料也可能存在潜在危险,能否应用于安全猪肉生产还值得探讨。因此,在选用原料时应根据实际需要对这类原料加以控制。生产安全猪肉所用饲料原料、水源和环境必须符合《饲料药物添加剂使用规范》、《无公害食品　生猪饲养饲料使用准则(NY 5032—

2001)》规定。

(五)规范使用兽药

兽药的规范使用和休药期的严格执行,是生产安全猪肉的关键措施之一。生产安全猪肉的猪群尤其是生长肥育猪尽量不用药或少用药,必须用药时严格按照《无公害食品　生猪饲养兽药使用准则(NY 5030－2001)》执行。禁止使用违禁药品,如 β-兴奋剂、镇静剂、激素等国家禁止使用的药品,减少和控制使用抗生素与磺胺类药物。大力推广应用中草药制剂、微生态制剂等无污染、无残留、无公害的安全兽药。消毒时禁止使用酚制剂。兽药生产和经营企业应严格执行《中华人民共和国兽药管理条例》,药品实行专人采购,禁止使用假冒伪劣兽药、麻醉药、兴奋剂、化学保定药、骨骼肌松弛药等;严格按休药期用药,对肥育猪使用休药期短的药品。对各有关人员尤其是技术人员、管理人员、饲养人员等进行安全生产和安全用药知识、安全意识的教育与培训。对于农业部(农牧发[2002]1号)规定禁止使用的药物,应在出栏猪群的饲料、饮水和尿液中进行严格的化验检测,禁止不合格的猪群进入安全猪肉生产线,避免因违规用药导致兽药残留而影响猪肉的安全。

(六)严格监督、执法、检疫与监测

根据《动物防疫法》、《兽药管理条例》、《饲料和饲料添加剂管理条例》及相关法律、法规、规章的要求,县级畜牧部门和卫生监督机构对动物性食品安全监管负有重要职责。为了保证猪肉的安全,各地畜牧管理及执法部门应增强安全质量意识,必须严格执法,依法规范饲料、饲料添加剂与兽药市场。依据国务院《饲料和饲料添加制管理条例》、《兽药管理条例》和近年来国家及有关部门对畜产品安全的有关规定,强化对饲料、饲料添加剂、兽药及畜产品的流通管理,对其生产厂家和经营者实行严格的市场准入审批制度,并经常进行监督检查,公布产品质量。此外,还应加强屠宰

场和市场猪肉的兽医卫生监督检疫工作,建立健全完善的兽药残留、饲料及添加剂的违禁药物、肉品屠宰上市的检验监督体系,配备专用检验设施、专业技术人员和熟练的化验人员,按照《无公害食品 猪肉(NY 5029－2001)》的规定和检测方法加强对生产与屠宰加工过程的肉品进行药物、重金属元素、农药等的检测与卫生检疫,从而确保猪肉的安全品质。

(七)注意屠宰、运输和销售环节卫生

猪的屠宰、肉品运输与销售环节,也是造成猪肉污染不可忽视的一环,其中心是搞好卫生,重点是实施严格的环境消毒措施与肉品卫生检验,整个过程严格按照《无公害食品 猪肉(NY 5029－2001)》规定进行,防止有害生物与化学物质的污染。在环境、运输器具、用具消毒过程中,严禁使用酚类、甲醛以及对人体有害的消毒剂,限定使用过氧乙酸和有效氯(强力消毒灵、漂白粉)等消毒剂。

总之,安全猪肉生产是一个系统工程,涉及生产、加工和流通全过程,如饲料、饲料添加剂、饮水、药品的使用与管理、疾病控制、环境质量控制、生猪屠宰加工控制、猪肉食品的安全性监控等诸多环节,只有按照国家法规、政策及出口贸易的要求制订高标准的技术管理措施并严格实行,安全生产才有保障。源头管理是控制猪肉食品安全的最关键措施。

第七章　规模化猪场环境控制技术

规模化猪场环境控制技术是生猪产业化经营的一个重要环节,包括猪舍内部和外部环境控制,涉及规模化生产的各个环节,对于规模化猪场的持续健康发展有重要意义。

第一节　猪场环境控制

一、猪场外部环境的控制

(一)植树种草进行绿化,改善场内小气候

猪场周围和场区空闲地植树种草进行环境绿化,对改善小气候有重要作用。在猪场内的道路两侧全部栽植行道树,每栋猪舍之间栽种速生、高大的落叶树,如速生杨树等,场区内的空地种上蔬菜、花草和灌木,在场区外围种植 5~10 米宽的防风林,可使场内风速降低 70%~80%,能使炎热的夏季气温下降 3℃~8℃,还可将场区空气中有毒、有害的气体减少 25%,臭气减少 50%,尘埃减少 30%~50%,空气中的细菌减少 20%~80%。当然,这些数值因防风林的高度、树的品种、栽植的密度的不同而有所差异。

(二)搞好固体、液体粪污处理

固体粪污即干粪,可直接售给农户作肥料或饲料,也可进行生物发酵,生产有机肥,这样不仅消除污染源,还增加了经济效益。

因此,规模化猪场应采用人工清粪,尽可能不用水冲栏圈,实行粪水分离,以提高猪粪有机肥的产量和质量。目前污水处理方法是先固液分离(可用沉淀法、过滤法和离心法等),分离出固体作干粪处理,液体可采用生物塘氧化技术等进行有效处理。

二、猪舍内部环境的控制

根据猪的生物学特性,小猪怕冷,大猪怕热,均不耐潮湿,需要洁净的空气和一定的光照,因此规模化猪场猪舍的结构和工艺设计都要围绕着猪的特性来考虑。而这些因素又是相互影响、相互制约的。例如,在冬季为了保持舍温,门窗紧闭,但造成了空气的污浊;夏季向猪体和猪圈冲水可以降温,但增加了舍内的湿度。因此,猪舍内的小气候调节必须综合考虑,创造一个有利于猪群生长发育的环境条件。

(一)温 度

温度在环境诸因素中起主导作用,肉猪在 17℃～30℃ 时生长最快,料肉比最低;妊娠母猪为 22℃～25℃;哺乳母猪为 25℃;而仔猪则为 28℃;1 周龄以内的仔猪更高为 30℃。猪对温度非常敏感。低温是仔猪黄、白痢和传染性胃肠炎等腹泻性疾病的主要诱因。而当气温高于 35℃ 时,个别猪只可能发生中暑,妊娠母猪可引起流产,公猪性欲下降,精液品质不良。

(二)湿 度

猪舍内的湿度过高会影响猪的新陈代谢,是引起肠炎、腹泻的主要原因之一,还可诱发肌肉、关节方面的疾病。猪的适宜湿度范围为 65%～85%。试验表明,温度 14℃～23℃,空气相对湿度 50%～80% 的环境最适合猪只生长。为防止湿度过高,减少猪舍内水汽来源,应少用或不用水冲洗猪圈,可适当用不对水的消毒药,设置通风设备,经常开启门窗等措施。

(三)空 气

猪舍内粪尿分解是有害气体的主要来源,当环境湿度过大时更容易产生臭气。因此,规模化猪场一般采用漏缝地板,实现粪尿分离干燥来降低有害气体的产生。不同地面猪舍的有害气体散发量见表 7-1。

表 7-1 不同地面猪舍的有害气体散发量

地面类型	猪头数	臭味散发(克/小时)	总 酸(毫克/小时)	总芳香化合物(毫克/小时)	氨气(克/小时)
丹麦式	180	20	1584	53	8
半漏缝	105	76	1675	48	26
半漏缝	280	90	7287	227	76
半漏缝	400	156	8135	382	212

注:①丹麦式猪舍是指将猪床分为采食、躺卧区和饮水、排粪区的猪舍。②总酸指乙酸、丙酸、正丁酸和正己酸。③总芳香化合物指酚、苯、吲哚、粪臭素

猪舍内空气中有害气体的最大允许值:二氧化碳(CO_2)3 000毫克/升,氨(NH_3)30 毫克/升,硫化氢(H_2S)20 毫克/升。空气污染物超标往往发生在门窗紧闭的寒冷季节,使猪易感染或激发呼吸道疾病,如气喘病、传染性胸膜肺炎、猪肺疫等。污浊的空气还可引起猪的应激综合征,表现食欲下降、泌乳量减少、狂躁不安或昏昏欲睡、咬尾咬耳等现象。

规模化猪场的猪舍在任何季节都需通风换气。全封闭式猪舍依靠排风扇换气,换气时可依据下列参数:冬季所需的最小换气率为每 100 千克猪体重每分钟 0.14～0.28 米³,夏季最大换气率为100 千克体重猪每分钟 0.7～1.4 米³。尽可能减少猪舍内有害气体,是提高猪只生产性能的一项重要措施。要调教猪只形成到运

动场或猪舍一隅排粪尿的习惯。严寒季节当保温与通风发生矛盾时,可向猪舍内定时喷雾过氧化类消毒剂,其释放出的氧能氧化空气中的硫化氢和氨,起到杀菌、降臭、降尘、净化空气的作用。

(四)光 照

适当的光照可促进猪的新陈代谢,加速其骨骼生长并消毒杀菌。哺乳母猪栏内每天维持 16 小时光照,可诱使母猪早发情。一般母猪、仔猪和后备猪猪舍的光照强度应保持在 50～100 勒,每天光照 14～16 小时,公猪和肥育猪每天保持光照 8～10 小时,但夏季应尽量避免阳光直射到猪舍内。

第二节 粪污处理技术

一、粪污处理系统

养猪生产中,粪污处理也分为几个不同阶段,每个阶段所需的设施设备是不同的,包括粪污的收集、转移、贮存和处理、施肥等阶段。

(一)粪污的收集和转移方式

包括:深浅排粪沟上面的条缝地板(采用开放式或地板式下冲洗)、地面排水沟、铲粪机械和机动装卸车。粪便的转移设施包括引流排污沟、水泵、搅动器、螺丝钻等。

(二)粪便贮存和处理系统

包括:漏缝地板下的粪沟、距离猪舍较远的地上或地下贮粪池(可以是土制的)、厌氧或好氧池、氧化沟、固液分离机或机械脱水处理设备。

　　田间施肥时可用到液粪施肥机,把粪水注进土壤或洒到地面,至于覆盖土可做可不做;也可以采用灌溉的方式,将干燥粪便撒到地表。

　　在实际生产中,粪便处理系统的选择取决于粪便的最终用途,根据最终用途和设备条件选择粪便处理系统。

二、规模化猪场常用粪污治理技术

　　规模化猪场建议采取干法清粪工艺,采取有效措施及时清理粪污,减少使用湿法清粪工艺,以简化粪污处理工艺及设备,便于粪污的回收和二次利用。

　　规模化猪场粪污主要来源于猪的粪尿、食物残渣、日常生活污水等,其主要污染指标有 pH 值、生物化学需氧量(BOD)、化学需氧量(COD)、水质中的悬浮物(SS)、大肠杆菌、氮(N)、磷(P)等。猪舍冲洗后的粪污混合物应当通过沉降法进行固液分离,然后分别处理。粪污的处理方法包括物理方法、化学方法和生物方法。其中生物方法是现代养猪场污水处理的一种比较有效的方法,主要依靠微生物对污水中有机物的降解作用来降低污水对环境的污染程度。

　　粪污处理方法按照其过程中空气的控制可分为厌氧、好氧和兼氧。厌氧法又可分为厌氧悬浮生物法(如厌氧消化)和厌氧固着生物法(如厌氧污泥床、厌氧滤池、厌氧流化床等);好氧法又可分为好氧悬浮生物法(如活性污泥法、氧化塘法等)和好氧固着生物法(又称生物膜法,如生物滤池、塔式生物滤池、生物转盘、接触氧化、生物流化床等)。通过厌氧生物处理,可大量除去可溶性有机物(去除率80%～90%),而且可杀死传染性病菌,有利于防疫,这是物理处理方法(固液分离或沉降等)不可取代的;好氧生物处理在于粪污用于农田或排入河道之前的气味控制及降解 COD 等有害物质。

三、生物处理法

生物处理方法，即通过微生物的生命过程把废水中的有机物转化为新的微生物细胞以及简单形式的无机物，从而达到去除有机物的目的。生物处理法是污水处理领域最早和最广泛应用的工艺之一，其对可生化有机物去除效果明显，且处理费用低，有较强的可操作性。该法也是目前规模化畜禽养殖场采用最多的污水处理技术，主要分为厌氧生物处理技术和好氧生物处理技术。

（一）厌氧生物处理

厌氧处理具有能量需求低，可以产生能源——沼气，污泥量低，投资省、能耗低等特点。由于人们对高效厌氧技术的认识发展，大批高效厌氧反应器逐步应用于禽畜养殖废水的处理中。随着现代高效的厌氧反应器的发展以及对厌氧技术原理的深入认识，厌氧处理技术已经为养殖业废水的处理提供了重要手段。对于利润低微的猪场养殖废水，厌氧处理把废水处理与能源回收利用相结合，是一种有效、简单又费用低廉的废水处理技术。猪场废水特性是氮、磷含量高，单级厌氧处理不能有效地脱氮除磷，要使含高浓度有机物猪场污水实现高效低耗处理，达到国家排放标准，一般厌氧处理之后还需进一步处理。

（二）好氧生物处理

好氧处理的基本原理，是利用微生物在好氧条件下分解有机物，同时合成自身细胞（活性污泥）。在好氧处理中，可生物降解的有机物最终被完全氧化为简单的无机物。该方法主要有活性污泥法和生物滤池、生物转盘、生物接触氧化、序批式活性污泥法及氧化沟等，尤其SBR工艺对高氨氮猪场废水有较好的去除效果，对于猪场废水处理,好氧生物处理可作为厌氧后废水后续处理,可迅速降低 COD,除去氮、磷。

SBR(Sequencing Batch Reactor)也称序批式活性污泥法或间歇式活性污泥法,是一间歇式活性污泥工艺,它把污水处理构筑物从空间系列转化为时间系列,在同一构筑物内进行进水、反应、沉淀、排水、闲置等周期,该工艺具有工艺流程简单、造价低,脱氮除磷的效果好,污泥沉降性能好,对进水水质、水量的波动有较好的适应性等特点。

生物滤池就是利用滤料上生物膜内各种微生物的代谢活动来去除污染物质,达到水质净化的目的。国内外利用的生物滤池处理工业废水的技术比较成熟,但应用于养殖废水的报道很少。虽然好氧处理技术处理有机物和氨、氮的效果较好,但存在污水停留时间较长、需要很大的反应器且耗能大、投资高等缺点。

第三节　粪污的综合利用技术

粪污综合利用的目的是使养猪场的粪污得到资源化利用。畜禽粪便不同于工业废弃物,畜禽粪便是一种有价值的资源,它包含农作物所必需的氮、磷、钾等多种营养成分,还含有 75% 的挥发性有机物,经处理后可作为肥料、饲料和燃料,具有很高的经济价值。

污水经过适当的净化处理可以用于农田、绿地的灌溉,进入鱼塘养鱼,净化处理后可冲洗畜舍。利用畜禽粪便生产有机肥,不仅可减轻畜禽粪便对环境的污染,还可提高土壤有机质含量,提高土壤肥力。因此,规模化畜禽养殖业的污染防制必须首先建立在资源化利用的基础上。

粪污综合利用技术还包括固体粪便培养蚯蚓和养殖藻类,液体污水沼气综合利用等。

目前,国内外规模化猪场粪污综合利用技术主要有两大类:物质循环利用型生态工程和健康与能源型综合系统。

一、物质循环利用型生态工程

该工程技术是一种按照生态系统内能量流和物质流的循环规律而设计的一种生态工程系统。其原理是某一生产环节的产出(如粪污)可作为另一生产环节的投入(如圈舍的冲洗),使系统中的物质在生产过程中得到充分的循环利用,从而提高资源的利用率,预防废弃污染物对环境的影响。

常用的物质循环利用型生态系统主要有种植业—养殖业—沼气工程三结合、养殖业—渔业—种植业三结合,以及养殖业—渔业—林业三结合的生态工程等类型。其中种植业—养殖业—沼气工程三结合的物质循环利用型生态工程最为普遍,效果最好。

二、健康与能源型综合系统

健康和能源型综合系统的运作模式:先将猪的粪尿进行厌氧发酵,形成气体、液体和固体 3 种成分,然后利用气体分离装置把沼气中甲烷和二氧化碳分离出来,分离出来的甲烷可作为燃料和照明,也可以进行沼气发电,获得再生能源;二氧化碳可以用于培养螺旋藻等经济藻类。沼气池中的上层液体经过一系列的沼气能源加热管消毒处理后,可作为培养藻类的矿物质营养成分,沼气池下层的泥浆与其他肥料混合后,作为有机肥料用于改良土壤;用沼气发电产生的电能,可用来照明,还可带动藻类养殖池的搅拌设备,也可以给蓄电池充电。过滤后的螺旋藻等藻体含有丰富、齐全的营养素,既可以直接加入鱼池中喂鱼、拌入猪饲料中喂猪,也可以经过烘干、灭菌后作为廉价的蛋白质和维生素源供人类食用,补充人体所需的必需氨基酸、维生素等营养要素。该系统的其他重要环节还包括一整套的净水系统和植树措施。这一系统的实施、运用,可以有效地改善猪场周围的卫生和生态环境,提高人们的健康和营养水平,提高附加经济收入。该系统的操作非常灵活,可以按照不同地区、不同猪场的具体情况加以调整。

三、我国猪场粪污的综合利用

(一)蚯蚓生物反应器技术

蚯蚓生物反应器技术是一种利用蚯蚓和微生物相互作用,高效处理有机废弃物并同时生产有机肥料的新技术。该生物反应器工艺简单,造价较低,易于在我国推广。蚯蚓生物反应器目前在英、美投入使用得较多,且全过程运行自动化,主要参数电脑控制,处理效率较高。目前已有 10 多个国家引进推广。中国农业大学资源环境学院孙振均教授通过与英、美学者合作研究,对该技术进行了进一步改进,使其成本更低,更能符合我国的实际情况,在我国已进行了部分研究和试点。

(二)液体污水沼气综合利用技术

我国在沼气综合利用方面有较为长期的经验,已得到了广泛应用。沼气综合利用是指畜禽粪便经沼气池发酵后,所产生的沼气被作为清洁能源利用,而沼液、沼渣按食物链关系作为下一级生产活动的原料、肥料、饲料和添加剂等进行再利用。

沼液是含有多种养分的速效肥料。长期施用沼液肥可改善土壤理化性状,使土壤有机质、全氮、全磷及有效磷等养分均有不同程度的提高。沼液可用于浸种、叶面喷施肥和无土栽培营养液。

沼液养鱼也是得到广泛应用的技术。水产养殖业大多向鱼塘中投放化肥,往往导致鱼类患气泡病和缺氧死亡。以沼液替代化肥投入鱼塘,可培肥水质,有利于鱼类的生长和发育,生产出味道鲜美、无污染、无公害的水产品,经济效益较高。

沼渣含有较全面的养分和丰富的有机物,其中有机质含36%～50%,粗蛋白质 5%～9%,全氮 0.8%～1.5%,全磷0.4%～0.6%,全钾 0.6%～1.2%,还有一些富含矿物质的灰分,是优质的有机肥料。用沼渣栽培蘑菇,质量好、杂菌少、产量较传统培养料增产 10%以上。

附录　瘦肉型猪饲养标准

本标准适用于配合饲料工厂、养猪场和养猪专业户配制瘦肉型猪的饲粮。

附录一　生长肥育猪饲养标准

见附表1,附表2。

附表1　生长肥育猪每头每日营养需要量

项　目	体重阶段(千克)					
	1~5	5~10	10~20	20~35	35~60	60~90
预期日增重(克)	160	280	420	500	600	750
采食风干料(千克)	0.20	0.46	0.91	1.60	1.81	2.87
消化能(兆焦)	3.35	7.00	12.60	20.75	23.48	36.02
代谢能(兆焦)	3.20	6.70	12.10	19.96	22.57	34.60
粗蛋白质(克)	54	101	173	256	290	402
赖氨酸(克)	2.80	4.60	7.10	12.00	13.60	18.08
蛋氨酸+胱氨酸(克)	1.60	2.70	4.60	6.10	6.90	9.20
苏氨酸(克)	1.60	2.70	4.60	7.20	8.20	10.90
异亮氨酸(克)	1.80	3.10	5.00	6.60	7.40	9.80
钙(克)	2.00	3.80	5.80	9.60	10.90	14.40

续附表 1

项 目	体重阶段(千克)					
	1～5	5～10	10～20	20～35	35～60	60～90
磷(克)	1.60	2.90	4.90	8.00	9.10	11.50
食盐(克)	0.50	1.20	2.10	3.70	4.20	7.20
铁(毫克)	33	67	71	96	109	144
锌(毫克)	22	48	71	176	199	258
铜(毫克)	1.3	2.90	4.5	7.0	7.9	10.8
锰(毫克)	0.9	1.90	2.7	3.5	3.9	2.2
碘(毫克)	0.03	0.07	0.13	0.22	0.25	0.40
硒(毫克)	0.03	0.08	0.13	0.42	0.47	0.80
维生素 A(单位)	480	1060	1560	1970	2230	3520
维生素 D(单位)	50	105	179	302	342	339
维生素 E(单位)	2.40	5.10	10.00	16.0	18.0	29.0
维生素 K(毫克)	0.44	1.00	2.00	3.2	3.6	5.7
维生素 B_1(毫克)	0.30	0.60	1.00	1.6	1.8	2.9
维生素 B_2(毫克)	0.66	1.40	2.60	4.0	4.5	6.0
烟酸(毫克)	4.80	10.60	16.40	20.8	23.5	25.8
泛酸(毫克)	3.00	6.20	9.80	16.0	18.0	28.7
生物素(毫克)	0.03	0.05	0.09	0.14	0.16	0.26
叶酸(毫克)	0.13	0.30	0.54	0.91	1.03	1.60
维生素 B_{12}(微克)	4.80	10.60	13.70	16.0	18.0	29.0

注:磷的给量中应有 30% 无机磷或动物性饲料的磷

附表 2　生长肥育猪每千克饲料养分含量

项　目	体重阶段(千克)				
	1～5	5～10	10～20	20～60	60～90
消化能(兆焦)	16.74	15.15	13.85	12.97	12.55
代谢能(兆焦)	16.07	14056	13.31	12.47	12.05
粗蛋白质(%)	27	22	19	16	14
赖氨酸(%)	1.40	1.00	0.78	0.75	0.63
蛋氨酸＋胱氨酸(%)	0.80	0.59	0.51	0.38	0.32
苏氨酸(%)	0.80	0.59	0.51	0.45	0.38
异亮氨酸(%)	0.90	0.67	0.55	0.41	0.34
钙(%)	1.00	0.83	0.64	0.60	0.50
磷(%)	0.80	0.63	0.54	0.50	0.40
食盐(%)	0.25	0.26	0.23	0.23	0.25
铁(毫克)	165	146	78	60	50
锌(毫克)	110	104	78	110	90
铜(毫克)	6.50	6.30	4.90	4.36	3.75
锰(毫克)	4.50	4.10	3.00	2.18	2.50
碘(毫克)	0.15	0.15	0.14	0.14	0.14
硒(毫克)	0.15	0.17	0.14	0.26	0.28
维生素 A(单位)	2400	2300	1700	1250	1250
维生素 D(单位)	240	230	200	190	120
维生素 E(单位)	12	11	11	10	10
维生素 K(毫克)	2.20	2.20	2.20	2.00	2.00

续附表 2

项 目	体重阶段（千克）				
	1～5	5～10	10～20	20～60	60～90
维生素 B_1（毫克）	1.50	1.30	1.10	1.00	1.00
维生素 B_2（毫克）	3.30	3.10	2.90	2.50	2.10
烟酸（毫克）	24	23	18	13	9
泛酸（毫克）	15.00	13.40	10.80	10.00	10.00
生物素（毫克）	0.15	0.11	0.10	0.09	0.09
叶酸（毫克）	0.65	0.68	0.59	0.57	0.57
维生素 B_{12}（微克）	24	23	15	10	10

附录二　后备母猪的饲养标准

见附表3,附表4。

附表3　后备母猪每头日营养需要量

项　目	体重阶段(千克)		
	20～35	35～60	60～90
预期日增重(克)	400	480	500
采食风干料(千克)	1.26	1.80	2.39
消化能(兆焦)	15.82	22.21	29.00
代谢能(兆焦)	15.19	21.34	27.82
粗蛋白质(克)	202	252	311
赖氨酸(克)	7.8	9.5	11.5
蛋氨酸＋胱氨酸(克)	5.0	6.3	8.1
苏氨酸(克)	5.0	6.1	7.4
异亮氨酸(克)	5.7	6.8	8.1
钙(克)	7.6	10.8	14.3
磷(克)	6.3	9.0	12.0
食盐(克)	5.0	7.2	9.6
铁(毫克)	67	79	91
锌(毫克)	67	79	91
铜(毫克)	5.0	5.4	7.2
锰(毫克)	2.5	3.6	4.8

续附表 3

项 目	体重阶段(千克)		
	20～35	35～60	60～90
碘(毫克)	0.18	0.25	0.35
硒(毫克)	0.19	0.27	0.36
维生素 A(单位)	1460	2020	2650
维生素 D(单位)	220	234	275
维生素 E(单位)	13	18	24
维生素 K(毫克)	2.5	3.6	4.8
维生素 B_1(毫克)	1.3	1.8	2.4
维生素 B_2(毫克)	2.9	3.6	4.5
烟酸(毫克)	15.1	18.0	21.5
泛酸(毫克)	13.0	18.0	24.0
生物素(毫克)	0.11	0.16	0.22
叶酸(毫克)	0.6	0.9	1.2
维生素 B_{12}(微克)	13	18	24

附表 4　后备母猪每千克饲粮中养分含量

项　目	体重阶段（千克）		
	20～35	35～60	60～90
消化能（兆焦）	12.55	12.34	12.13
代谢能（兆焦）	12.05	11.84	11.63
粗蛋白质（%）	16	14	13
赖氨酸（%）	0.62	0.53	0.48
蛋氨酸＋胱氨酸（%）	0.40	0.35	0.34
苏氨酸（%）	0.40	0.34	0.31
异亮氨酸（%）	0.45	0.38	0.34
钙（%）	0.6	0.6	0.6
磷（%）	0.5	0.5	0.5
食盐（%）	0.4	0.4	0.4
铁（毫克）	53	44	38
锌（毫克）	53	44	38
铜（毫克）	4	3	3
锰（毫克）	2	2	2
碘（毫克）	0.14	0.14	0.14
硒（毫克）	0.15	0.15	0.15
维生素 A（单位）	1160	1120	1110
维生素 D（单位）	178	130	115
维生素 E（单位）	10	10	10
维生素 K（毫克）	2	2	2

续附表 4

项　目	体重阶段（千克）		
	20～35	35～60	60～90
维生素 B_1（毫克）	1.0	1.0	2.0
维生素 B_2（毫克）	2.3	2.0	1.9
烟酸（毫克）	12	10	9
泛酸（毫克）	10	10	10
生物素（毫克）	0.09	0.90	0.09
叶酸（毫克）	0.5	0.5	0.5
维生素 B_{12}（微克）	10.0	10.0	10.0

附录三　母猪的饲养标准

见附表5至附表8。

附表5　妊娠母猪每头每日营养需要量

项　目	体重（千克）					
	妊娠前期			妊娠后期		
	90～120	120～150	150 以上	90～120	120～150	150 以上
采食风干料（千克）	1.70	1.90	2.00	2.20	2.40	2.50
消化能（兆焦）	19.92	22.26	23.43	25.77	28.12	29.29
代谢能（兆焦）	19.12	21.38	22.51	24.75	26.99	28.12
粗蛋白质（克）	187	209	220	264	288	300
赖氨酸（克）	6.00	6.70	7.00	7.90	8.60	9.00
蛋氨酸＋胱氨酸（克）	3.20	3.60	3.80	4.20	4.60	4.70
苏氨酸（克）	4.80	5.30	5.60	6.20	6.70	7.00
异亮氨酸（克）	5.30	5.90	6.20	6.80	7.40	7.80
钙（克）	10.4	11.6	12.2	13.4	14.6	15.3
磷（克）	8.3	9.3	9.8	10.8	11.8	12.3
食盐（克）	5.4	6.1	6.4	7.0	8.0	8.0
铁（毫克）	111	124	130	143	156	163
锌（毫克）	71	80	84	92	101	105
铜（毫克）	7	8	8	9	10	10
锰（毫克）	14	15	16	18	19	20

续附表 5

项 目	体重（千克）					
	妊娠前期			妊娠后期		
	90～120	120～150	150 以上	90～120	120～150	150 以上
碘（毫克）	0.19	0.21	0.22	0.24	0.26	0.28
硒（毫克）	0.22	0.25	0.26	0.29	0.31	0.33
维生素 A（单位）	5440	6100	6400	7260	7920	8250
维生素 D（单位）	270	300	320	350	380	400
维生素 E（单位）	14	15	16	18	19	20
维生素 K（毫克）	2.9	3.2	3.4	3.7	4.1	4.3
维生素 B_1（毫克）	1.4	1.5	1.6	1.8	2.0	2.4
维生素 B_2（毫克）	4.3	4.8	5.0	5.5	6.0	6.3
烟酸（毫克）	14	15	16	18	19	20
泛酸（毫克）	16.5	18.4	19.4	21.6	32.5	24.5
生物素（毫克）	0.14	0.15	0.16	0.18	0.20	0.22
叶酸（毫克）	0.85	0.95	1.00	1.10	1.20	1.30
维生素 B_{12}（微克）	20	23	24	29	31	33

附表 6　妊娠母猪每千克饲粮中养分含量

项　目	体重(千克)	
	90～150	90～150
	妊娠前期	妊娠后期
消化能(兆焦)	11.27	11.27
代谢能(兆焦)	11.25	11.25
粗蛋白质(%)	11.0	12.0
赖氨酸(%)	0.35	0.36
蛋氨酸＋胱氨酸(%)	0.19	0.19
苏氨酸(%)	0.28	0.28
异亮氨酸(%)	0.31	0.31
钙(%)	0.61	0.61
磷(%)	0.49	0.49
食盐(%)	0.32	0.32
铁(毫克)	65	65
锌(毫克)	42	42
铜(毫克)	4	4
锰(毫克)	8	8
碘(毫克)	0.11	0.11
硒(毫克)	0.15	0.15
维生素 A(单位)	3200	3300
维生素 D(单位)	160	160
维生素 E(单位)	8	8
维生素 K(毫克)	1.7	1.7

续附表 6

项 目	体重（千克）	
	90～150	90～150
	妊娠前期	妊娠后期
维生素 B$_1$（毫克）	0.8	0.8
维生素 B$_2$（毫克）	2.5	2.5
烟酸（毫克）	8.0	8.0
泛酸（毫克）	9.7	9.7
生物素（毫克）	0.08	0.08
叶酸（毫克）	0.50	0.50
维生素 B$_{12}$（微克）	12.0	13.0

附表 7　哺乳母猪每头每日营养需要量

项　目	体重（千克）			每增减 1 头仔猪（±）
	120～150	150～180	180 以上	
采食风干料（千克）	5.0	5.2	5.30	
消化能（兆焦）	60.67	63.10	64.31	4.489
代谢能（兆焦）	58.58	60.67	61.92	4.318
粗蛋白质（克）	700	728	742	48
赖氨酸（克）	25	26	27	
蛋氨酸＋胱氨酸（克）	15.5	16.1	16.4	
苏氨酸（克）	18.5	19.2	19.6	
异亮氨酸（克）	16.5	17.2	17.5	
钙（克）	32.0	33.3	33.9	3.0
磷（克）	23.0	23.9	24.4	2.0
食盐（克）	22.0	22.9	23.3	2.0
铁（毫克）	350	364	371	
锌（毫克）	220	229	233	
铜（毫克）	22	23	23	
锰（毫克）	40	42	42	
碘（毫克）	0.60	0.62	0.64	
硒（毫克）	0.45	0.47	0.48	
维生素 A（单位）	8500	8840	9000	
维生素 D（单位）	860	900	920	

续附表 7

项 目	体重（千克）			每增减 1 头仔猪（±）
	120～150	150～180	180 以上	
维生素 E（单位）	40	42	42	
维生素 K（毫克）	8.5	8.8	9.0	
维生素 B_1（毫克）	4.5	4.7	4.8	
维生素 B_2（毫克）	13.0	13.5	13.8	
烟酸（毫克）	45.0	47.0	48.0	
泛酸（毫克）	60	62	64	
生物素（毫克）	0.45	0.47	0.48	
叶酸（毫克）	2.5	2.6	2.7	
维生素 B_{12}（微克）	65	68	69	

注：以上均以 10 头仔猪作为计算基数

附表8 哺乳母猪每千克饲粮养分含量

项 目	体重(千克)
	120～180
消化能(兆焦)	12.13
代谢能(兆焦)	11.72
粗蛋白质(%)	14
赖氨酸(%)	0.50
蛋氨酸＋胱氨酸(%)	0.31
苏氨酸(%)	0.37
异亮氨酸(%)	0.33
钙(%)	0.64
磷(%)	0.46
食盐(%)	0.44
铁(毫克)	70
锌(毫克)	44
铜(毫克)	4.4
锰(毫克)	8
碘(毫克)	0.12
硒(毫克)	0.09
维生素 A(单位)	1700
维生素 D(单位)	180
维生素 E(单位)	8
维生素 K(毫克)	1.7

续附表 8

项 目	体重（千克）120～180
维生素 B₁（毫克）	0.9
维生素 B₂（毫克）	2.6
烟酸（毫克）	9
泛酸（毫克）	12
生物素（毫克）	0.09
叶酸（毫克）	0.5
维生素 B₁₂（微克）	13

附录四 种公猪的饲养标准

见附表9,附表10。

附表9 种公猪每头每日营养需要量

项 目	体重(千克)	
	90~150	150 以上
采食风干料(千克)	1.9	2.3
消化能(兆焦)	23.85	28.87
代谢能(兆焦)	22.90	27.70
粗蛋白质(克)	228	276
赖氨酸(克)	7.2	8.7
蛋氨酸+胱氨酸(克)	3.8	4.6
苏氨酸(克)	5.7	6.9
异亮氨酸(克)	6.3	7.6
钙(克)	12.5	15.2
磷(克)	10.1	12.2
食盐(克)	6.7	8.1
铁(毫克)	135	163
锌(毫克)	84	101
铜(毫克)	10	12
锰(毫克)	17	21
碘(毫克)	0.23	0.28

续附表 9

项　目	体重（千克）	
	90～150	150 以上
硒（毫克）	0.25	0.30
维生素 A（单位）	6700	8100
维生素 D（单位）	340	400
维生素 E（单位）	17.0	21.0
维生素 K（毫克）	3.4	4.1
维生素 B_1（毫克）	1.7	2.1
维生素 B_2（毫克）	4.9	6.0
烟酸（毫克）	16.9	20.5
泛酸（毫克）	20.1	24.4
生物素（毫克）	0.17	0.21
叶酸（毫克）	1.00	1.20
维生素 B_{12}（微克）	25.5	30.5

　　注：①配种前 1 个月，在"标准"基础上增加 20％～25％。②冬季严寒期在"标准"基础上增加 10％～20％

附表 10 种公猪每千克饲粮养分含量

项　目	体重(千克)
	90～150
饲粮(千克)	1.00
消化能(兆焦)	12.55
代谢能(兆焦)	12.05
粗蛋白质(克)	12.0
赖氨酸(克)	0.38
蛋氨酸＋胱氨酸(克)	0.20
苏氨酸(克)	0.30
异亮氨酸(克)	0.33
钙(克)	0.66
磷(克)	0.53
食盐(克)	0.35
铁(毫克)	71
锌(毫克)	44
铜(毫克)	5
锰(毫克)	9
碘(毫克)	0.12
硒(毫克)	0.13
维生素 A(单位)	3500
维生素 D(单位)	180
维生素 E(单位)	9

续附表 10

项　目	体重（千克）
	90～150
维生素 K（毫克）	1.8
维生素 B$_1$（毫克）	2.6
维生素 B$_2$（毫克）	0.9
烟酸（毫克）	9
泛酸（毫克）	12.0
生物素（毫克）	0.09
叶酸（毫克）	0.50
维生素 B$_{12}$（微克）	13.0

营养需要量的制定依据（补充件）

　　1. 本标准中的种公猪、种母猪、后备猪的饲养标准数值是引自 1981 年制定的《肉脂型猪饲养标准》，其中体重 20～90 千克生长肥育猪饲养标准是在 1985 年提出的"瘦肉型生长肥育猪饲养标准"的基础上根据调查资料和试验数据，参照"NRC 猪的营养需要量"而确定的。

　　2. 本标准中饲粮风干样平均以 88% 干物质计算，如加入多汁饲料时，可按饲料营养成分表相应换算。

　　3. 本标准中钙、磷需要是根据实际统计值并结合钙、磷平衡需要拟定的。有效磷给量按总磷量的 1/3 折算。

　　4. 本标准中维生素需要量是饲粮的补充添加剂，把饲料本身维生素的含量作为安全量来考虑的。

　　5. 各地区饲料中微量元素含量相差悬殊。为此,在配制微量元素添加剂时,应根据当地实际情况予以增减。

　　6. 本标准的各项营养需要量的确定仅为参考值,在配制饲粮时允许加减 3%。

参 考 文 献

[1] 丁角立. 饲料添加剂指南[M]. 北京:北京农业大学出版社,1994.

[2] 郭艳丽. 饲料添加剂预混料配方设计与加工工艺[M]. 北京:化学工业出版社,2003.

[3] 李德发. 现代饲料生产[M]. 北京:中国农业大学出版社,1997.

[4] 吕军国. 养猪管理精要[M]. 北京:中国农业出版社,2005.

[5] [美]PalmerJ. Holden, M. E. Ensminger 著,王爱国主译,盛志廉主审. 养猪学[M]. 北京:中国农业大学出版社,2007.

[6] 苗树君,贾永全. 畜牧生产系统管理学[M]. 哈尔滨:东北林业大学出版社,1999.

[7] 沈忠明,张成君. 畜牧业经济管理[M]. 重庆:重庆出版社,2007.

[8] 沈忠明,张成君. 农业家族企业三维互锁职业经理机制研究[J]. 合肥:安徽农业科学,2010.

[9] 沈忠明,张成君. 常规水产品差异化品牌营销策略[J]. 合肥:安徽农业科学,2008.

[10] 杨子森,郝瑞荣. 现代养猪大全[M]. 北京:中国农业出版社,2008.

[11] 吴远斌. 畜禽健康养殖[M]. 北京:中国农业科学技术出版社,2007.

[12] 王伟国. 规模化猪场的设计与管理[M]. 北京:中国

农业科学出版社,2006.

[13] 王安,单安山. 饲料添加剂[M]. 哈尔滨:黑龙江科学技术出版社,2001.

[14] 杨凤. 动物营养学[M]. 北京:农业出版社,1997.

[15] 张长兴,杜垒,靳双星,等. 猪标准化生产技术[M]. 北京:金盾出版社,2009.

[16] 张硕. 畜禽粪污的"四化"处理[M]. 北京:中国农业科学技术出版社,2007.

[17] 赵昌廷. 实用畜禽饲料配方手册[M]. 北京:北京农业大学出版社,1996.

[18] 黄健,邓红. 影响安全猪肉生产的因素及调控措施. 中国动物保健,2007(11):23-26.

金盾版图书,科学实用,
通俗易懂,物美价廉,欢迎选购

答	14.00	图说温室黄瓜高效栽培关键技术	9.50
提高中华猕猴桃商品性栽培技术问答	10.00	图说棚室西葫芦和南瓜高效栽培关键技术	15.00
提高樱桃商品性栽培技术问答	10.00	图说温室茄子高效栽培关键技术	9.50
提高杏和李商品性栽培技术问答	9.00	图说温室番茄高效栽培关键技术	11.00
提高枣商品性栽培技术问答	10.00	图说温室辣椒高效栽培关键技术	10.00
提高石榴商品性栽培技术问答	13.00	图说温室菜豆高效栽培关键技术	9.50
提高板栗商品性栽培技术问答	12.00	图说芦笋高效栽培关键技术	13.00
提高葡萄商品性栽培技术问答	8.00	图说苹果高效栽培关键技术	11.00
提高草莓商品性栽培技术问答	12.00	图说梨高效栽培关键技术	11.00
提高西瓜商品性栽培技术问答	11.00	图说桃高效栽培关键技术	17.00
图说蔬菜嫁接育苗技术	14.00	图说大樱桃高效栽培关键技术	9.00
图说甘薯高效栽培关键技术	15.00	图说青枣温室高效栽培关键技术	9.00
图说甘蓝高效栽培关键技术	16.00		
图说棉花基质育苗移栽	12.00	中国小麦产业化	29.00

以上图书由全国各地新华书店经销。凡向本社邮购图书或音像制品,可通过邮局汇款,在汇单"附言"栏填写所购书目,邮购图书均可享受9折优惠。购书30元(按打折后实款计算)以上的免收邮挂费,购书不足30元的按邮局资费标准收取3元挂号费,邮寄费由我社承担。邮购地址:北京市丰台区晓月中路29号,邮政编码:100072,联系人:金友,电话:(010)83210681、83210682、83219215、83219217(传真)。